新农村建设实用

民间捕钓秘术

科学技术部中国农村技术开发中心
组织编写

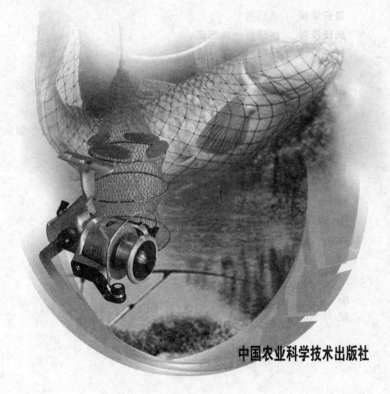

中国农业科学技术出版社

图书在版编目（CIP）数据

民间捕钓秘术/刘炳仁等编著. —北京：中国农业科
学技术出版社，2006.10
（新农村建设实用技术丛书·农村生活服务系列）
ISBN 978 - 7 -80233 - 160 - 0

Ⅰ.民… Ⅱ.刘… Ⅲ.①捕捞方法②钓鱼 Ⅳ.S973

中国版本图书馆 CIP 数据核字（2006）第 137929 号

责任编辑	鱼汲胜
责任校对	贾晓红　康苗苗
整体设计	孙宝林　马　钢

出版发行	中国农业科学技术出版社
	北京市中关村南大街 12 号 邮编：100081
电　话	（010）68919704（发行部）（010）62189012（编辑室）
	（010）68919703（读者服务部）
传　真	（010）68975144
网　址	http://www.castp.cn
经 销 者	新华书店北京发行所
印 刷 者	中煤涿州制图印刷厂
开　本	850 mm ×1168 mm 1/32
印　张	4.75　插页　1
字　数	123 千字
版　次	2006 年 10 月第 1 版 2012 年 9 月第 1 版第19次印刷
定　价	9.80 元

《民间捕钓秘术》编写人员

刘炳仁　于瑞兰　刘　坤　姜国帅 **编著**

刘炳仁

　　刘炳仁，男，吉林农业大学本科毕业，经济师，高级农艺师。曾任乡镇医院院长、乡镇党委书记等职；现任山东省烟台市天麻栽培技术学会主席兼山东省烟台市牟平区宇升天麻种植场技术顾问。

　　先后在全国各大报刊杂志上发表了有关科技种养论文200多篇；编著出版了《天麻栽培技术问答》、《人参栽培与加工技术问答》、《科技种养致富向导》、《彩色长毛兔养殖新技术》、《蝎养殖与加工新技术》、《蜗牛养殖与食用技术问答》、《天麻栽培与加工新技术》、《豆芽优质生产新技术》、《特种蔬菜高产栽培新技术》和《天麻高产栽培新技术》等科技种养书籍。创造发明了《天麻地上窖畦栽法》和《全蝎仔母自动分离养殖法》等。

序

丹心终不改，白发为谁生。科技工作者历来具有忧国忧民的情愫。党的十六届五中全会提出建设社会主义新农村的重大历史任务，广大科技工作者更加感到前程似锦、责任重大，纷纷以实际行动担当起这项使命。中国农村技术开发中心和中国农业科学技术出版社经过努力，在很短的时间里就筹划编撰了《新农村建设系列科技丛书》，这是落实胡锦涛总书记提出的"尊重农民意愿，维护农民利益，增进农民福祉"指示精神又一重要体现，是建设新农村开局之年的一份厚礼。贺为序。

新农村建设重大历史任务的提出，指明了当前和今后一个时期"三农"工作的方向。全国科学技术大会的召开和《国家中长期科学技术发展规划纲要》的发布实施，树立了我国科技发展史上新的里程碑。党中央国务院做出的重大战略决策和部署，既对农村科技工作提出了新要求，又给农村科技事业提供了空前发展的新机遇。科技部积极响应中央号召，把科技促进社会主义新农村建设作为农村科技工作的中心任务，从高新技术研究、关键技术攻关、技术集成配套、科技成果转化和综合科技示范等方面进行了全面部署，并启动实施了新农村建设科技促进行动。编辑出版《新农村建设系列科技丛书》正是落实农村科技工作部署，把先进、实用技术推广到农村，为新农村建设提供有力科技支撑的一项重要举措。

这套丛书从三个层次多侧面、多角度、全方位为新农村建设提供科技支撑。一是以广大农民为读者群，从现代农业、农村社区、城镇化等方面入手，着眼于能够满足当前新农村建设中发展生产、乡村建设、生态环境、医疗卫生实际需求，编辑出版《新农村建设实用技术丛书》；二是以县、乡村干部和企业为读者群，着眼于新农村建设中迫切需要解决的重大问题，在新农村社区规划、农村住宅设计及新材料和节材节能技术、能源和资源高效利用、节水和给排水、农村生态修复、农产品加工保鲜、种植、养殖等方面，集成配套现有技术，编辑出版《新农村建设集成技术丛书》；三是以从事农村科技学习、研究、管理的学生、学者和管理干部等为读者群，着眼于农村科技的前沿领域，深入浅出地介绍相关科技领域的国内外研究现状和发展前景，编辑出版《新农村建设重大科技前沿丛书》。

该套丛书通俗易懂、图文并茂、深入浅出，凝结了一批权威专家、科技骨干和具有丰富实践经验的专业技术人员的心血和智慧，体现了科技界倾注"三农"，依靠科技推动新农村建设的信心和决心，必将为新农村建设做出新的贡献。

科学技术是第一生产力。《新农村建设系列科技丛书》的出版发行是顺应历史潮流，惠泽广大农民，落实新农村建设部署的重要措施之一。今后我们将进一步研究探索科技推进新农村建设的途径和措施，为广大科技人员投身于新农村建设提供更为广阔的空间和平台。"天下顺治在民富，天下和静在民乐，天下兴行在民趋于正。"让我们肩负起历史的使命，落实科学发展观，以科技创新和机制创新为动力，与时俱进、开拓进取，为社会主义新农村建设提供强大的支撑和不竭的动力。

中华人民共和国科学技术部副部长　刘燕华

2006 年 7 月 10 日于北京

目 录

一、钓鱼的季节、时间与天气

（一）季　　节

钓鱼的最好季节是秋后、春初及谷雨前后，在江河、湖泊、池塘等水域中钓鱼。秋季以后，水生植物开始腐烂，岸边的活饵也接近冬眠了，因此，水中天然鱼饵逐渐减少。更重要的是各种鱼类秋后要进入半冬眠期，所以鱼在冬眠前食量大增，又因天然鱼饵减少，就形成饥不择食。因此在这个季节钓鱼的效果比较好。

其次是初春，如谷雨前后。这个季节各种天然鱼饵正在复苏，但可供的鱼饵还不充足，加之春暖花开，各种鱼类从半冬眠期转入复苏游动，食量也在逐渐加大。俗话说：阳春三月好钓鱼，"霜降"前后正捉鳖。

再则是冬钓。在严冬季节，也可破冰垂钓，但须选好鱼饵：一般常用红虫或者豆饼块。此季节垂钓，虽然辛苦，但只要位置选好了，有时比春、秋季钓鱼效果还要好。

（二）四季垂钓的决窍

季节、气候对垂钓的关系甚为密切，一年四季，自然界的变化是反复无常，变化多端，难以捉摸的。但是气候也有普遍的规律和特殊性，在这样的情况下，我们只有摸透一般的规律，才能收到较好的效果。

1. 春钓

春季天气由冷向暖转化，水温也由冷向热升高。春季多雨，而且一般是细雨蒙蒙。在唐诗里有一句"春雨绵绵无绝期"。这是对春天气候最概括的描述，对垂钓者大有参考价值。可是垂钓者也有三句谚语："春钓滩"、"春钓浅"、"春钓雨雾"。这就说明春天河塘、湖岸边杂草发芽生长，是水生微生物滋长的地方；春季是鱼繁殖最旺盛的季节，又是鱼觅食量最活跃的季节之一。鱼产卵、交配要选择杂草和石坑，活鱼河塘说明鱼有来路。按照自然规律和具体情况去垂钓，收获一定较佳。

2. 夏钓

夏天天气闷热，阳光强烈，雷雨和台风频繁。夏季垂钓也有三句谚语："夏钓谭"、"夏钓深"、"夏钓清早"。这就是根据夏季应该选择什么地形，又根据夏季的天气特点提出"夏钓清早"。由于夏天清早天气凉快，空气新鲜，鱼浮到水面上呼吸、索饵；太阳升起后，鱼即向深水层游去，或向水草丛中游去。故钓者在夏季一定要选择上述地形和方位去垂钓。

3. 秋钓

北方秋季气温由热转凉，垂钓者提出"秋钓旯旮"，这是指季节地形而言；"秋钓黄昏"这是指垂钓时间应在黄昏。"秋钓黑阴阴"，这是指水色而言，因为水体阴暗，鱼的视线模糊。南方秋季有"秋老虎"的天气闷热的特点，鱼游入深潭避暑，一般也在旯旮。黄昏、阴沉的时候鱼也要索饵。

4. 冬钓

寒冷季节的特点是：寒冬腊月，大雪纷飞，寒风刺骨。北方冬季晴多雨少。垂钓者也有几句谚语："冬钓阳"。这是指季节地形而言。"冬钓清"，这是指水色要清。"冬钓草"这是指冬季鱼钻进水草可以避寒取暖，故要在有水草的地方垂钓。

5. 其他

"钓鱼不钓草，多半是白跑"这就是指一年四季，应在水草生长区域或旁边垂钓。因为水草是鱼类最理想的"家",夏可避暑,冬可取暖。有水草的地方一年四季都可以垂钓,水草又是鱼类繁衍后代和觅食的场所。

钓鱼最忌大风,风大水急生浪,浮标动荡不定,鱼难以咬钩。起西风,鱼活动力减弱,欲眠少食。垂钓者必须懂得,季节、天气与垂钓者的关系。

鱼爱太阳又怕太阳。鱼为了暖和要晒太阳。冬季晒太阳时间长,夏季则短。垂钓者根据"钓鱼不钓草,多半是白跑","人穿棉袄,鱼钻水草"的正确说法,一年四季,均选择水草丛中钓鱼。但是一年四季的气温由冷到热,又由热到冷的变化。春夏两季多雨或大雨,大量的水流入流泉、溪涧和水库。泥沙聚集,水色浑浊,天晴后泥沙往下沉,水色较清,隔天垂钓最为理想。天气久晴,泉、库水色清澈如镜,溪涧断流。在清水水体垂钓,鱼儿胆小,不敢接近岸边索取饵食,多躲入深潭、泉水中。人声响或影子晃动,鱼都会立即逃跑。所以在水库、清泉、溪涧钓鱼时,要轻手轻脚,否则就会影响垂钓效果。

6. 关于咸淡水域江浦垂钓

江浦水体的特点是流动性大,海水涨潮、退潮,均影响江浦水体运动,长年累月处于有规律的运动。一旦下倾盆大雨,山水从高山处流往江浦把咸水冲淡,另一方面,江浦一般没有杂草,由于水有规律地流动,引来大量的鱼类,故此时垂钓效果好。

7. 北方冬钓

北方由于阳光斜射等原因,气温要比南方低,冷得早,时间长。在10月底,北方开始冰封,初期还可垂钓,在冰封季节,要破冰打洞垂钓,鱼很自然地到冰洞处索饵。为什么鱼会往洞口游呢?因为水面冰封以后,水体中的氧气越来越少,形成水体缺氧,当破冰留洞后,空中氧气随风进入水体,洞口水中氧气增加,鱼就自然游向洞口。所以在洞口垂钓,给鱼创造索饵条件,鱼的上钓率大大提高。北方河塘岸边,经过长期冰封,水草枯萎，水色较清，要在2米以下方可垂钓，其他季节的钓法基本与南方相同。

（三）时　　间

一般是在日出前后和日将落山时较好，上午9～11时，下午3～5时较好。但也要看季节，如秋后天凉了，中午就比上、下午好；盛夏，早晚为好。经验概括为：冬钓中早，夏钓早晚，春秋早晚均可垂钓，但也有夜间通宵钓的。如位置选好了，夜钓效果也是很好的。总之，时间选择，只能作参考。由于地区不同，鱼种不同，垂钓效果就不一样。

（四）天　　气

刮风、下雨对垂钓影响不大，而且刮风起浪时鱼都在水底下觅食。在平静水域刮风比风平无浪还要好些（如果使用手竿看浮子则影响较大）。但也要看气候风向，一般南风和西风效果较差，而气温高时西北风为好，气温低时南风为好。

下雨时垂钓，效果以盛夏为好。因为夏天天晴，气温、水温都较高，下雨可降低水温，鱼可增大活动量；但暴雨时不宜垂钓，只能在雨过天晴时较好。秋后下雨如果是一场秋雨一场寒，水温突然降低，鱼亦不觅食。在气温、水温相对稳定这段时间垂钓效果为好，气温忽高忽低则影响垂钓效果。总之，气温和水温的升降不超过6℃时对鱼觅食不会有大的影响，最好的时机是能掌握天气变化的前2～3天，如下雨下雪前，升温降温前，这时鱼的活动量和食量都在增大，一般是降雨前、刮风后，这个时机较好。

如在北京颐和园的团城湖垂钓，风力五级至六级，风向西南，浪头常常打至岸边2～3米处，垂钓者在早晨9时能钓上一条4.5公斤重的鲤鱼。另一次也是在颐和园的团城湖，垂钓者们因刮起五级至六级西风，大部分人都收竿不钓了，这时仍有2人坚持钓到日落前，都有收获，钓到的鲫鱼大而多（每条鲫鱼250克以上，共30多条）。其中一人曾在团城湖垂钓时，从早晨8时刮起五级至六级大风一直到下午3时止。钓上一条4公斤多重的鲤鱼，还有鲫鱼3条、鲂鱼1条，成绩也是很好的。季节都在秋、夏季。为什么刮西风、西南风，风力达五级至六级时，垂钓也能获丰收？那是因为平水域无流水，偶遇风浪，则水域中就产生了动水，这时鱼不在上层而在底层或深水域，加大了活动量，也就增加了食欲，故上钓率增加。加上这次采用了海竿，它不仅能在深水钓鱼，又能放长线。如用手竿，在这种风向、风力中垂钓是最不适宜的。因此看来，事物发展变化有它的共同性，也有它的特殊性。两者在不同的环境和条件下，要灵活运用，不可绝对化。

二、钓具及其选购

（一）鱼　　竿

　　鱼竿是垂钓活动主要钓具中的重要组成部分。鱼竿的好坏直接关系到钓鱼技巧的发挥和成果。鱼竿又分为手竿、海竿和手抛两用竿。

1. 手竿

　　手竿是指不装绕线轮（也称放线器）的鱼竿，多用于溪、河、塘、小型水库等淡水水域垂钓。配用的钓线长度一般与鱼竿等长，或略短于鱼竿。手竿具有简单、轻便、好携带、使用灵活方便、造价低、收获量大等优点。缺点主要有二：一是不太适合钓大鱼；二是累眼睛易疲劳，下竿后就得目不转睛地盯着浮漂。

　　（1）手竿的分类　　手竿依材质分，有竹竿、玻璃钢竿和碳纤维竿三种。

　　①竹竿：竹竿价格低廉、使用方便，具有较好的韧性与弹性。缺点是容易变形且比较重，近几年已基本被淘汰。部分老钓翁仍喜欢用这种鱼竿。

　　②玻璃钢竿：重量轻，耐水性强，弹性好，可伸缩，且操作灵活方便。缺点是价格较贵，受抗力较差，比较脆弱。

　　③碳纤维竿：碳纤维竿和玻璃钢竿一样具有重量轻、耐水性强、弹性好、耐弯曲、不变形、抗力负荷大、可伸缩、手感佳等优点。缺点是价格昂贵；具有导电性，雷雨天或在高压电线下使用很不安全。

　　手竿按长度分为三种。3米以下为短竿，8米以上为长竿，最长可达 13 米，介于两者之间的为中长竿。每种竿又有长节与短节之分。

手竿的长度应根据垂钓水域的特点、鱼的种类与大小以及个人的身体条件与习惯来确定。短竿操作灵活、携带方便，适用于池塘近水钓和溪流钓，适合体弱者使用；长竿适用于远投钓大鱼，竿重易累，多为身强力壮者所使用；中长竿则兼备长竿和短竿的优点，施钓范围较宽，很受老中青钓友的欢迎。

（2）手竿的调性 竿体的软硬程度叫做鱼竿的调性。一般分为软调、中调和硬调三种，各有其优缺点。

①软调竿：软调竿柔韧性好，在竿尖受力后，弯弓的顶点在距尖的 2/5～1/2 处。它弹性好，受力时竿体变形大，持竿手感极佳，灵敏度强，鱼上钩后不易脱钩，因此趣味性较强。缺点是拉鱼的出水较慢，且强度较差，不适合钓大鱼，不适宜在水草茂密处垂钓。

②中调竿：中调竿的软硬程度适中，弯弓的顶点在距竿尖 3/10 处，软硬适中，弹性也好，手感适中，是一种兼用型的鱼竿。缺点是风力大时较难投抛。

③硬调竿：硬调竿竿体硬度大，弯弓顶点靠近竿尖 1/5 处。受力后强度高，变形小。适用于多水草地带或钓鱼比赛用。缺点是弹性较前两种鱼竿差，钓到鱼时仅竿尖弯曲，抖竿时易于将鱼钓牢鱼唇，适于钓大鱼。但是竿体过硬，柔韧性不够，钓到大鱼时容易折断鱼竿。

（3）手竿的选购 手竿的品牌、规格很多，但质量大相径庭，必须认真选购。竿体要笔直、光滑、匀称。竹制鱼竿不应有虫眼、裂纹和烤焦的痕迹。接口处的缠线要均匀、牢固。玻璃钢竿、碳纤维竿竿体不能有间隙、裂纹和损伤。

竿壁厚度：玻璃钢竿为 0.7 毫米左右，碳纤维竿为 0.4 毫米左右。竿壁过厚，会影响竿体弹性，竿壁过薄，接口处易变形、断裂。

鱼竿各节的插接深度各不相同，原则上不应过浅也不宜过深，前面的可浅一些，后面的宜深一些。插接长度应在4~8厘米之间，最短不能小于4厘米。如若过长或各节的插接长度不相等，则上鱼提竿时，极易在最短处断竿或"拔节"。

检查玻璃钢竿、碳纤维竿时，应先将底把下的后盖旋下，将各节竿倒出仔细察看，轻捏每节竿节，从小头捏至大头，看管壁是否厚薄均匀。将各节按顺序装好，拧上后盖，顺次抽出各节，看整个竿体是否挺直；轻轻抖一下，看一看竿体上下摆幅是否相同，摆幅相同者为好。

将各节竿相插连接为一整体后，在竿尖顶端系上2米左右的钓线，系上一个250克左右的重物，慢慢将竿提起，使重物离地0.5米左右，如果竿体弯曲自然，没有死弯，说明竿体受力均匀、弹性好。再将竿体举着重物缓缓旋转180°，若整个竿体受力均匀没有异变，则说明整个鱼竿性能良好。

2. 海竿

海竿又称抛竿，由玻璃钢或碳纤维材料制作而成。竿上装有过线环（导眼）和绕线轮，一般竿长1.5~3.6米，最长的碳纤维海竿可达8米。这种竿弹力好，坚固耐用，可将鱼钩抛出很远，以钓获较大鱼类，主要用于宽阔水域远投钓大鱼。

(1) 海竿垂钓的特点

①使用范围广：海竿既可用于海水垂钓，又可用于淡水垂钓；既可底钓，又可浮钓；既可用炸弹钩钓，又可用串钓；既可日钓，又可夜钓。

②易钓大鱼：俗话讲："放长线，钓大鱼"。海竿可轻易地将饵钩抛到数十米外的水域。另外，海竿多用炸弹钩，饵料足，入水后饵料散开形成诱饵点，可诱使大鱼前来吸食而上钩。

③大鱼难以脱钩：海竿有绕线轮，贮有足量的钓线，并有拽力装置，可随意放线和收线，缓解大鱼冲力，使其难以脱钩。另外，它钓钩多，往往是多只鱼钩挂住鱼体，使其难以脱钩。

④轻松省力：海竿垂钓一般不用浮漂，多用小铃传递鱼咬钩信息，可同时照管多根海竿，哪根铃响提哪根，不必头顶烈日手握鱼竿死守之，轻轻松松钓大鱼。

⑤抗风浪：海竿不用浮漂，鱼咬钩信息直接由钓线传递到竿尖，因此有效地避开风浪干扰。

（2）海竿的选购　海竿是一种主要的钓具，一般可按下列步骤进行选购。

第一，竿长与"调性"，要根据需要来定。比如长度，若你是准备用于水库钓，那么一般应选3米以上竿，最好是3.6米、3.9米，甚至4.5米的大海竿，不是越长越好，因为长竿抛得远，但过长了，反而发不出去，这里有个最佳发力状态问题。通常3.6米和3.9米的竿抛投时发力状态最佳，当然抛竿技术好的老钓手，用4.5米的海竿可以做到打得最远。有的钓者用5米长的大海竿，抛投时根本发不出去，反而只能打出3米远。一般钓者选长度适中的为好。若在养鱼池，本来池塘不大，无须抛投太远，使大海竿拨拨拉拉反而不灵便，所以若主要以池塘钓为主（相当一些人的钓场是养鱼池），那么2.7米或3米的海竿较为合适。太短了（比如2.1米竿），若碰到较大池塘，想抛远也难遂心。再有调性，一定要购买调性适中的海竿，弹性好、韧性佳，这样的海竿抛投时发力状态特别好。有的海竿拿在手里和木棍子似的，竿体粗、梢子硬，抛投起来一点弹性都没有，这类竿抛起来找不到感觉，很难发上力。而软调性的海竿，打小砣串钩还可以，若打大砣、打糟食团子，则基本上是没法发力。所以，选竿也要以所钓对象鱼区分，若钓鲫鱼，使小砣串钩，便要软调竿，竿稍软还可得到较明显的鱼讯表现。钓鲤鱼、草鱼、青鱼等大型鱼种，软调竿就不行了，一是打不了大食砣，二是上鱼后"领"鱼太费劲。

第二，竿体的实际长度与标示长度的误差越小越好。同时，各节抽出的长度也要均匀适当，各导眼间距适中合理（越向尖部，间距逐渐缩小），若间距过长或过短，都表明某两节嵌接的深度不合理，这样的海竿不可取。

第三，要逐节察看各导眼的瓷环和金属箍做工是否精细，粘结是否牢固。

第四，把海竿握在手中端平，按上下左右方向，先轻晃几下，然后再逐渐加大摆幅，观察其弯点，便知竿的软硬度，更重要的是听其是否有"咔噔、咔噔"的碰撞感，如有则表明某两节的嵌接处旷量大，这当然不是好竿。

3. 手抛两用竿（又称矶钓竿）

手抛两用竿既有手竿的钓性又有海竿的抛远性。选购时依据手竿和海竿的质量标准选购即可。

（二）鱼　钩

1. 鱼钩的种类和型号

目前我国市场上出售的鱼钩分国产、合资和进口三类。20世纪80年代的垂钓热中，人们一般使用的是国产鱼钩和自制鱼钩。20世纪90年代初，以伽玛卡兹钩、欧娜钩、哈雅布萨钩为代表的日本钩进入中国市场。到了20世纪90年代中后期，德国钩、挪威钩等欧洲钩以及韩国和我国台湾省的一些鱼钩也先后进入我国内地市场。其中日本钩以其优良的品质受到我国垂钓爱好者的喜爱。日本钩材质一般是80号碳素钢，钩条强度大，极具韧性、弹性，钩尖锋利，钩型设计科学，分类也极其细致。其价格适中，工薪阶层也能接受。

鱼钩的种类、型号很多，主要是以鱼钩的形态定名的，依钩形将鱼钩分为10个类型，分别用0~9　10个数字代表钩的名称：1—鹤嘴形，2—胡弓形，3—袖形，4—环形，5—伊斯尼形，6—江芦形，7—九袖形，8—龟形，9—丸形，10—芦江形。再用两位数字标在1~10的后面来表示钩的大小。如314号钩，3代表袖形钩，14 是钩的大小标号。

有不少日本生产的鱼钩，依所要钓的鱼种命名，如鲤鱼钩、鲫鱼钩等。也有按地名或人名命名的。

钩形的大小，用号数表示。一般而言，数字越大钩也越大，数字越小，钩也越小。也有少数是标号越大，鱼钩越小的。

2. 鱼钩的结构

鱼钩的种类、型号很多，但构造大致相同。一般由以下几部分组成。

（1）钩尖　钩尖是钩的最尖端部分。钩尖是刺入鱼体的部位，因而越尖越好。钩尖有内弯、外弯、扭弯和平行四种。

（2）倒刺　倒刺是钩尖之下开叉部分，大多数鱼钩都有这部分，它可防止上钩之鱼逃脱和饵料脱落。倒刺应锐利，长度和张角以适中为好。

（3）钩腹　钩腹亦称钩门、钩宽，指的是钩尖至钩柄内缘间的距离。钩腹有宽、窄之分，宽者适宜钓大鱼，窄者适宜钓小鱼。

（4）钩柄　钩柄亦称钩轴，形状有圆形、平板形、撞木形、矛尖形、倒钩形、钩形、锯齿形、圆环形 8 种。其作用是防止绑钩线脱落。

（5）钩深　钩深亦称尖高，指的是钩尖至钩底上缘的高度。钩深大，适宜钓大鱼；反之，适宜钓小鱼。

3. 鱼钩的选用

鱼钩的好坏，可从它的外形、淬火和钩的结构三个方面去鉴定。

（1）看外表　鱼钩有黑、白、金黄三种颜色，不论哪种颜色，都要色泽明亮，钩条光洁平整，绝无坑凹不平的麻眼。

（2）检查它的软硬度，这是鱼钩质量很重要的条件　鱼钩软硬度的好坏，是在制作过程中用料优异、工艺是否精湛的集中体现。如以淬火的情况来说，淬火过度，钩条发脆，一掰就断；

淬火不够，钩条发软，一掰就直。易断易直之钩，都不能用。检查时可用一把小尖嘴钳，从钩底向上夹住钩尖，而后用拇指横向推动钩柄，一推就倒或轻推不动、加力则断，这都不是好钩。好的鱼钩应随着钩的大小、钩条的粗细，表现出的硬度适当，在推动后松手能复位，表现出良好的弹性。

（三）鱼　　线

鱼线亦称钓线、钓鱼线，包括主线和支线两种。主线是连接鱼竿或绕线轮的线，支线是绑鱼钩的线。主线通常比支线要略粗一些，而支线要比主线柔软，透明度高一些。

1. 鱼线的种类

（1）锦纶线　这种线又称降落伞线，有白和草绿色两种。拉力强、柔软性好，入水后不弯曲，不易老化，非常适宜冬天使用。缺点是淋水性差、目标大，灵敏度不如尼龙线。

（2）尼龙线　尼龙线是垂钓的主要鱼线，分无色和多种单色。这种线拉力强，韧性好，性能稳定，不吸水，不易卷曲，重量轻，透明度好，隐蔽性强。缺点是伸缩性较大，伸缩率为2%～5%，随气温的下降而变硬，打结后强度会降低，受硬物挤压后变形或出现硬伤，易折断，使用时间长了会老化，变黄变脆。

（3）多股尼龙线　由多根尼龙线捻合而成。这种线强度大，柔软，耐磨性好，柔韧性好，伸缩性小，不怕挤压和折叠。缺点是不透明，强性较差，在水中阻力大。

（4）金属线　由铜丝或不锈钢丝制成，通常为单股的或多股捻合而成，用来拴鱼钩和连接鱼线，其长度一般为30～40厘米。多用于垂钓凶猛鱼类之用，如带鱼、鲨鱼等。

（5）贝克力火线　贝克力火线是采用目前世界上最强的纤维，以贝克力公司独具的融合技术多股合成的鱼线。其优点是不吸水，不伸缩，有相同线径尼龙线 3 倍的超强拉力和 10 倍的耐磨性，具有超低记忆性，即使缠结，只需轻轻一扯，即可恢复原状。其缺点是价格贵，同时由于没有伸缩性，上鱼时不可用力提竿，否则会伤及鱼竿。

2. 鱼线的规格

（1）**按线径大小分**　我国生产的尼龙线多按线径表示。如线径 0.2 毫米，俗称 0.2；线径 0.4 毫米，俗称 0.4，依此类推。线径不同，拉力不同，相同线径，产地不同，拉力也不同。它们并不是准确的一一对应关系。

（2）**按号数分**　现在市场上有大量日本进口鱼线，它粗细均匀，光滑透明，特别是抗拉强度大，比国产相同直径的鱼线的抗拉强度高 50% ~ 80%，是目前普通钓者最喜欢用的鱼线。

（3）**按所承受的拉力分**　这种拉力大小习惯上用磅（1磅 = 4.448 牛［顿］）来表示，能承受 2 磅拉力的鱼线称 2 磅线，能承受 5 磅拉力的鱼线称 5 磅线，依次类推。

3. 鱼线的选用

现在钓鱼一般用的都是尼龙胶丝（锦纶）线。这种线作为钓鱼线有其独特的优点，其强度比棉纤维高 2 ~ 3 倍；耐磨力比棉纤维高 10 倍；富有弹性和柔性，因而能够承受较强的冲击力，具有缓解上钩鱼挣扎的作用；光滑、挺拔、不易打结瞎线；还有耐腐蚀、不吸水、在水中阻力小等优点。

选钓鱼线时要兼顾规格、颜色和质量这三个方面。

首先要定规格：尼龙丝的规格有两种说法，一种是以直径为标准，即通常所说的 0.3、0.4 线，就是指线的直径为 0.3 或 0.4毫米；另一种是以线的拉力单位来称呼，即所说的 8 磅线或 10磅线，是指这种线的拉力为 8 磅或 10 磅。选择鱼线，主要着眼于它的拉力大小。不同直径钓鱼线的拉力如下表所示。

表　钓鱼线的拉力

直径（毫米）	拉力（磅）	直径（毫米）	拉力（磅）
0.25	4.0	0.55	20.0
0.30	5.0	0.60	25.0
0.32	6.0	0.65	30.0
0.35	8.0	0.70	35.0
0.40	10.0	0.80	40.0
0.45	12.0	0.90	50.0
0.50	15.0	10.0	60.0

究竟使用多粗的线合适？海竿比较简单，而手竿选线则因季节、水环境和欲钓鱼种而有所区别。一般说来，初春、深秋和初冬时节，因水温较低，鱼的活动力减弱，上钩后负痛的挣扎力也受到一定的限制。又因这时多是用软竿钓鲫鱼，所以用线宜细不宜粗，选用 0.25～0.30 毫米的即 4～5 磅的线就可以了。细线不但灵敏度高，而且在水中还不易被鱼发现。

其次要考虑鱼线的颜色。当前流行的尼龙胶丝线，有透明白、乳白、淡黄、杏黄、浅灰、草绿色和红、黄、绿相间的花线。选线应根据水质透明度和水环境而定。水质较清可用透明白色或灰色；较深则宜用乳白色；在多水草的水域，应用草绿色或多色花线。总之，以力求使线的颜色与水质自然接近，不易被鱼发现为原则。实践证明，草绿色、浅灰色和花色的鱼线适应性广泛，在大多数水域显示出良好的效果。

质量检验主要靠眼观和手试，看其外表有无伤痕劣点；拿到手里捻一捻是否圆滑；抻一抻看弹性如何，有无老化变硬现象；撸一撸看看是否均匀。必要时可做破坏性试验，即用手拉断，看其承受力如何。

自中春至初秋，气温和水温都比较高，鱼在水中的活动范围和活动量都相应增大，上钩后负痛挣扎的力量相对提高，此时不仅鲫鱼上钩，而且鲤、草、青、鲇等大型鱼类也相继上钩，故选用 0.30 ~ 0.40 毫米，即 5 ~ 10 磅为宜。如估计有偶遇大鱼的可能，可酌情再加粗些。

至于海竿，因绕线轮有拽力装置，它可缓解鱼线受力强度，故用线粗细不受水温和鱼种限制。而是根据所需长度和卷线盘的容量来定规格；在甩钓前，把鱼线经出线环拉出，一面用力拉线，一面左旋（由强至弱）拉头旋钮。假如鱼线拉力为 4.5 公斤（1 公斤 = 9.80665 牛［顿］），那么拽力强度定在 3 ~ 3.5 公斤较为合适，余 1 ~ 1.5 公斤的拉力可做保险系数。这样再当鱼线受力达到 3 ~ 3.5 公斤时，卷线盘即自行反转放线，从而起到缓解拉力、避免断线的作用。如果用弹簧秤拉鱼线来调定拽力则更准确。无秤者用手感估量就是了。

拽力调好后，在垂钓过程中还应勤检查，发现强度有变化应及时调整。

（四）鱼　　坠

鱼坠又叫铅坠、千斤、坠子、铅砣沉子等，一般用铅及其合金制成。

1. 鱼坠的功能

（1）利用鱼坠的重力，将饵钩和鱼线甩向远方钓点，并使其迅速下沉水中。

（2）利用鱼坠和浮漂的合理配合使饵钩悬垂于所要求的水层，使浮漂高于水面适当高度。

（3）用海竿底钓时，鱼坠子可带动饵钩抛向钓点，使鱼线处于张紧状态，并使饵钩固定。

（4）在流水中底钓时，为使饵钩不致被流水冲走，可用重坠固定饵钩抵抗水流冲力。

（5）利用鱼坠的重量和浮漂的显示，可以探测垂钓水域水的深浅，了解水底的大概情况。

2. 鱼坠的种类

鱼坠的种类很多，形状各异，但主要分为手竿坠和海竿坠两大类

（1）手竿坠　用于手竿的鱼坠称手竿坠。常见的有球形坠、枣形坠、铅皮坠、保险丝坠等几种。球形坠和枣形坠上开着"V"形口，又叫开口坠。使用时，将脑线顺开口处放入，用手按压或用手钳夹一下。使坠子固定在脑线上。铅皮坠又叫板形坠，是一条板状铅片，可用保险丝捶扁成皮，或用铜管牙膏皮，剪成长方形，再卷在脑线上，其长度可按需要调整。保险丝也常用作坠子，取细保险丝卷绕在脑线上，按需要截取长度也可做鱼坠。

（2）海竿坠　用于海竿的鱼坠称海竿坠，主要有死坠和活坠两种。活坠中间有通心孔，坠子可在鱼线上滑动，拴法是钩在前，坠在后。鱼吞食饵钩时，拉动鱼线，线动坠不动，使饵钩动静无阻碍地传至竿尖，保证了反应的灵敏性。死坠中心无孔，拴法是坠在前，钩在后。死坠适于在其上方的鱼线上连接串钩或组钩，也可浮钓。鱼吞食饵钩拉动鱼线时受力于鱼坠。

3. 鱼坠的选用

鱼坠虽小，作用很大，它与钓鱼收获的多少有很大关系，选用时必须十分注意。

（1）手竿坠的选用　手竿坠的选用原则是：宜轻不宜重，宜小不宜大。一般距岸较近、鱼的警惕性较高，稍有异声便会远遁。用轻坠、小坠，入水悄无声，不会惊吓鱼，可确保多钓鱼。这也是台钓鲫鱼时的所谓"幽灵钓法"的精髓。

（2）海竿坠的选用　海竿垂钓涉及的情况较复杂，一般可从以下几方面考虑。

①按鱼竿软硬选坠：竿身短，竿尖细，如2.7米以下的海竿通常较软，宜配50克以下的轻坠；竿身长，竿体粗，宜配60克以上的重坠。

②按水底情况选坠：水底平坦，淤泥不厚时，可用圆形坠、球形坠、椭圆形坠；淤泥较厚，水较浅时，可用扁形坠、片形坠；若对水底情况不熟悉，则以扁形坠较适宜，因为它不易入泥，不易挂底，收线时又有一定升力，一般水域均可使用。

③按钩组不同选坠：若用炸弹钩，采用活坠；若用串钩垂钓，则用死坠。

④按水流速度选坠：在流速较快的水域垂钓，应选用流线型坠，如枣形、蛋形等，重量应较大；在静水中或流速较慢的水域垂钓，则用轻坠，对形状要求也不甚严格。

（五）浮　漂

浮漂也叫浮子、鱼漂、浮头、鱼标。它是一种信号标志，大凡垂钓水域的深浅、水底地貌、鱼类拱饵和吞饵的情况，甚至鱼一进入窝点，信息都可以通过鱼线传到浮漂，从而为钓者提供了最佳期的提竿时机。同时，它也是控制鱼钩在水中悬浮位置的重要配件。

鱼漂一般用比较轻的材料制作，如竹、木、鸡毛管、鹅毛管等。目前市售多为泡沫塑料或塑料空心球等。鱼漂的种类、形状、颜色可以说是五彩缤纷。

1. 浮漂的功能

（1）传递信息　传递鱼吞饵的信息，这是浮漂的最主要功能。鱼在触碰、拱嗅和吞食饵钩时，这些信息会立刻灵敏地反映到浮漂上，钓者便可及时了解鱼的吃饵情况。

（2）饵钩定位　鱼种不同、水温不同、气候不同，鱼游弋的水层也不同。由于浮漂有一定浮力，可调整浮漂与坠子间的配重关系，使饵钩处于所要垂钓的水层。

（3）显示饵钩的位置　饵钩入水后处于哪个位置，浮漂会很醒目地表示出来，便于判断饵钩是否抛投在窝点。

（4）判别鱼的种类和大小 鱼的种类和大小不同，其摄食特性不同，反映在浮漂上的变化也不同，可根据浮漂的不同反应来判别。

2. 浮漂的种类和形状

根据不同的垂钓方法，垂钓者往往选用不同形状、质地、大小的浮漂。浮漂的形状多种多样，大约可分为立式浮漂、卧式浮漂、球形浮漂、线浮漂和特种漂五类。

（1）立式浮漂 形状最多，主要有棒形、纺锤形、圆形、陀螺形、辣椒形、长形、伞形以及专为夜钓用的荧光漂等。这些立式浮漂形态不同，漂尖露出水面，只要鱼吞饵，浮漂即会灵敏地显示信息，尤其适于老年钓友和视力差者使用。

（2）卧式浮漂 使用时呈横卧状，不怕风浪。鱼咬钩时，浮漂即斜立或直立起来。这类浮漂多为椭圆形，适用于风浪较大的钓点。

（3）球形浮漂 有圆形和枣形两种，其特点是浮力大，常用于浮钓中上层水域的鱼类，适宜于水流缓慢的水面。

（4）线浮漂 亦称多体漂、七星漂、蜈蚣漂等。这种浮漂主要用在水草繁茂、有礁石、沉桩等障碍物的小河或青水池塘中。使用这种浮漂，根据水的深浅配漂很方便，当水的深浅变化时，只要不超过首尾两漂的距离，不必去调整水线，仍可垂钓自如。

（5）特种漂 如适用于夜钓的夜光漂、鱼吞饵时能改变漂体颜色的电子感应漂等。

3. 浮漂的选择

能正确的鉴定浮漂的质量是使用好浮漂的重要前提。一支好漂是由所用材料、设计和制作工艺三者组合而定，而这三者又相互关联，缺一不可。现在用来做浮漂的材料很多，有禽羽、塑料、木材等，甚至用麦秆也可以做浮漂。有些浮漂看似材质不高，但经过精工细作后也能成为一支好漂。

浮漂的价格档次拉得很大，有几角钱一支的便宜漂，也有几百元一支的高档漂。那么是不是价格愈高质量就愈好呢？也不尽然。只要这支浮漂漂杆正直，油漆色彩明亮，不渗漏，反应灵敏，就称得上是一支好漂。

有些浮漂外表美观，但在调试时坠轻了漂尖浮出很高，加重时又立即沉没，微调的性能差，这种浮漂不适宜用于垂钓小型鱼或在春秋低水温条件下使用。

现在市场上浮漂的花色品种甚多，而且还出现了许多有别于传统的新式浮漂，如以前的浮漂其漂尖的基本色调是以红为主色，现在竟有以绿为主色的浮漂，这种绿尖漂在天空光亮度适宜的时候非常显眼，观察时眼睛很舒服。还有一种适合弱视力者使用的漂尖为三角形的浮漂，就是在细漂尖上加三片小塑料片，使之呈炮弹的尾翼状，从任何方向观察，都能看到它最宽的方向，使漂尖增大了许多，这对视力不佳者来说，非常适用。这种漂所用的材料及工艺设计，并不增加多大浮力，仍有较好的灵敏度。还有的浮漂采用了新的油漆，入水后有增大视觉的效果，有人称为"爱眼漂"，等等。

由于有以上各种不同的浮漂，所以在选购时不要惟贵惟新，一定要以自己的视力为依据，从使用的实际需要出发，选购最适合自己的浮漂。

（六）连接件

在各种钓具，如鱼线、浮漂、坠子、钓钩等形成的钓具组合中，连接件起着十分重要的作用。常用的连接件有以下几种。

（1）卡扣。这是使用最广泛的连接件，可与其他返捻环配合使用，由于它有活动卡环，故便于安装和更换钓钩、坠子等。

（2）松针形返捻环形体较大，坚固结实，连接主线和支线，多用于海钓。

（3）箱形返捻环形体稍小，也很坚固，连接主线和支线，用于垂钓大中型鱼类。

（4）樽形返捻环连接主线和支线或活动浮漂，使浮漂沿主线滑动。

（5）带卡扣返捻环由卡扣和樽形返捻环组合而成，连接支线或坠子等。

（6）三叉返捻环有 3 个可转动的小环，一个连接主线，另两个分别连接支线。

（7）封箱形返捻环性能同三叉反捻环，只是用于连接支线的旋转轴要通过箱形体上的两孔转动。

（8）双杆返捻杆可连接两枚钓钩，钓饵可以转动，起诱鱼吞饵作用。

（9）松针形母子返捻环性能同封箱形返捻环，但较之坚固，主要用于海钓。

（10）鱼线卡利用卡具的弹性夹住鱼线，连接主线和支线，更换钓钩十分方便。

三、鱼饵的种类及其制作方法

（一）鱼饵名称及其制作方法

1. 素食

素食的种类依目前我国垂钓的情况，有以下几种。

①面食种类：主要以玉米面、面粉、豆饼粉、花生饼粉、麦麸组成，也有大米饭和蒸糕。其面食做法依钓鱼区域不同而有差异。一般面食大都以玉米面为主，有些地区则以糟食为主，即由豆饼粉或花生饼粉和麦麸二者合一。有些地区则使用三合一，即豆饼粉或花生饼粉和麦麸及玉米面合成。也有用纯面粉食的，还有用马铃薯和熟红白薯作面食的。

②面食的制作法：纯面粉作法是把面粉用开水冲熟后合成小面球即可垂钓。玉米面食的作法：把玉米面用开水合成饼，或者做成窝窝头形，加水煮熟，或用蒸锅蒸熟。另一种做法是洗面法，即把玉米面用冷水冲洗，把糠皮、细粉冲走，只剩下玉米丝，用容器盛好，用蒸锅蒸熟，或放在蒸锅箅帘子上蒸熟。这两种做法都要在煮或蒸熟以后立即用菜刀或擀面棍或用手沾冷水辗压在一起，形成胶状，增加黏性，使面食在水中延长溶化时间，而且也便于在钩上装食。而洗面法更能使面食在水中延长溶化时间。

玉米面和豆饼粉（或花生饼粉）二合一的作法：将玉米面和豆饼粉合在一起，用开水冲后合成饼状或窝头型，放在蒸锅蒸熟，或者熟后辗成胶状，也可掺入部分麦麸而成三合一。其比例是：一比一和各占1/3。但二合一如做得过稀，也可多掺麦麸。

二合一掺炒豆饼粉食饵：将玉米面食做好后，将炒好的豆饼或花生饼粉掺入玉米面一起拌匀。这种面食有其香味易引鱼上钩，但要注意不要把豆饼粉或花生饼粉炒得过火了。

三合一浸泡豆饼食饵：将豆饼用温水浸泡，待闻有酸味时就与玉米面和麦麸合在一起，按比例，各占1/3。要注意，不要把豆饼浸泡臭了。

纯糟食：将豆饼粉或花生饼粉与麦麸各一半，并用冷水拌合，适当放些白酒（最好是曲酒）合成团状，使之抛在地上能散开，用手能捏成团。不过这种面食只能在平静水域垂钓，如在流水中垂钓必须加熟玉米面食而且要硬一点，不然入水后便会被水冲走。

发酵食饵：这种食易于钓花鲢。这是将三合一糟食（豆饼粉或花生饼粉、玉米粉、麦麸各1/3），用塑料布包好，密封严实，放在阴凉处，避高温，待其发酵后再使用。但不能发过头，腐臭了就不能使用。

2. 植物食饵

一般常用芦苇芯、番茄、窝瓜花、独草根、韭菜、菠菜以及煮熟的红薯和马铃薯。

3. 活食

种类较多，常用的有蚯蚓、小虾、小鱼、水蜘蛛、红虫等，还有蛙类、苍蝇、水蝎子、蜻蜓、蝇蛆、蟋蟀、蝼蛄、螳螂、蝉、地蝉等。

4. 荤食

猪肝切成条略加火烤，或是将小鱼切成块，还有麻雀肉、鸡鸭肠子、蚌肉、螺蛳肉等。

（二）动物性鱼饵的捕捉与培养

1. 水蜘蛛

初春时，在向阳面于毛草和小土坎处或是石块底下，水蜘蛛较多。捕捉水蜘蛛还要做好工具——小抄网，就是用金属窗纱绕在一个用 10 号铁丝做成的一个圆圈里，带上一个长把。当翻动石头或碰动小草时，水蜘蛛就会跑出来，这时用小抄网把蜘蛛扣住，逼使蜘蛛向网口爬进，及时把抄网出口处对准盛蜘蛛的小瓶口，同时击打抄网，蜘蛛就会爬到瓶子里去。

2. 油葫芦

捕捉时要选择潮湿阴凉处和有土堆、松木处或碎石掺土的位置，这些地方油葫芦较多。再就是秋季，玉米秸堆也较多。捉油葫芦要有盛油葫芦的工具，就是把窗纱（金属或塑料窗纱均可），做成一个长圆形的纱笼，上端用布缝成烟荷包状，上口用线绳拉紧。钓鱼时，把口打开一只一只地放出来。另一方面因纱笼有空隙，可放湿土或黄豆叶供其食用，使其能较长时间不死。

3. 螳螂

用笼子养螳螂，存放时间长，便于携带。放这类钓饵的笼子内要多放些豆叶或草供其食用，不然它们会互相残杀，甚至同归于尽。

4. 蝇蛆

这些钓饵可从厕所索取，把蛆取出放入容器中用水多次冲洗，然后转入另一容器中，再放入大量麦麸或米糠，使蛆在其中爬动，除掉污秽，垂钓时用消毒水浸泡后上钩使用。

5. 蚯蚓

在挖蚯蚓时，一定要把完整的和挖断的蚯蚓分别保存，或只要完整的不要挖断的蚯蚓。要注意按品种分开，将较短的红蚯蚓和较长而又较粗的黑蚯蚓分别存放。黑蚯蚓只要放在湿土中保存就可以，而红蚯蚓的保存要注意有湿有干。红蚯蚓挖取时放在容器中，它会聚集在一起结成团，故上面要放黄沙土为好，每隔一天要用干土面把蚯蚓拌合在一起，将要死的蚯蚓丢掉。然后把蚯蚓放入容器中，上面放上黄黏湿土面或其他湿土盖上，要多放些土。这样，经常换土、拌合、挑选，不仅可长期保存，而且蚯蚓肚内的土全吐出来了，使这些蚯蚓肉体加厚而增加韧性。但必须放在阴凉处保存，避免日光直射。

另一种保存和繁殖蚯蚓的方法是：把蚯蚓挖出来后，放在容器中，表面上放废茶叶或用浸湿的黄草纸覆盖。同时加一些烂水果等饲料，蚯蚓适应性、繁殖力强。家中如有庭院者，可开辟一小块土地（约1.2平方米），有条件也可把四周用砖砌起来，以防因连绵雨天土质松软，蚯蚓爬走。繁殖的方法是：把土翻松软，掺上1/2的沙土，把蚯蚓放在坑底部，经常放些淘米水、菜叶、烂水果等饲料，但湿度不能过大，要有湿有干，稍湿勿干，温度不能太高，宁凉勿热，不超过摄氏30度，另一种方法是用缸或木箱，也可用大花盆养殖，但必须放置在阴凉处。饲料同上述。

6. 小虾

注意不能放在无水的容器中，应该放在有水的容器中，而且要多放些水生植物，用杂草或湿布把小虾分散包在布里或杂草里。

7. 玉米虫（玉米螟幼虫）

秋后在枯萎玉米秸中索取，选有小虫眼的玉米秸，将皮剥开即可找到，然后放在小瓶中保存。

现有两种鱼饵供选择。一种是装在鱼钩上的钓饵。因鱼各有习性，嗜好的食料不一定相同。选择鱼喜爱吃的东西为饵，效果就更好些。钓鲫鱼一般用米饭粒、面粉粒子（面粉加水搓成）、蚯蚓等。钓草鱼用蝇蛆、小虾、红薯丁、肥肉丁等为饵。钓青鱼宜用小虾、螺蛳、蚯蚓等。钓鲤鱼用米饭粒、红薯丁、蚯蚓。可因地制宜，就地取材，不要把钓饵搞得过分繁杂。蚯蚓、米饭粒是各种淡水鱼都爱吃的饵料。钓饵的颜色，白色最易被鱼发现，黄色次之，红色又次。

另一种是引饵。为了引鱼集中，垂钓前需撒食做窝，饵料可多种多样，花生饼、豆渣、豆饼、菜籽饼（渣）、酒糟、麸皮（小麦皮）、小米均可，豆饼、花生饼、菜籽饼要粉碎炒制，以增加香味，更易为鱼嗅觉。从经济实惠和效果出发，以炒过的麦麸效果最好。出发前要把炒制的饵料用开水泡湿，并拌些碎米在内，效果更好。然而，白条鱼多的河塘内，拌入碎米做窝，又易为它们拼命劫食而扩散，使其他的鱼分散，大大减少垂钓效果。有些钓鱼爱好者在引饵中滴些白酒之类的香料，肯定更易为鱼嗅觉。

（三）糠坨的制作与使用

在福建福州市，传统的诱饵很独特，它叫糠坨。

究竟怎么制作糠坨呢？它的主要用料是稻谷。首先把稻谷放在铁锅里用旺火猛炒，炒至焦黑，像面团一样，这时就要改为微火。缺乏经验的人，往往不是炒得过老变为焦炭，就是炒得不够老，乍看起来谷皮也炒黑了，实际里面仍是雪白的大米，至多有点焦黄而已，这样做出来的糠坨，经不起水泡，也经不起鱼食，一泡即散，一食即光。

炒好稻谷后，就要转入第二道工序——磨粉。第三道工序是捣捶。捣捶之前，要加点糯米稀粥拌和，它也要花点工夫，一次需要半小时。在捣捶过程中就会闻到独特的香味，而且黏性特强。捣到一定程度，即可转入做坯成型。开始缺乏经验，不必做得过大，一般每个重量150克，待熟悉后做成250克一个。大有大的好处，做一个就能使上几个月乃至半年，一年做两次就够用了。当坯子捏成团后，把它固定在事先准备好的底座上，其形状有点像手榴弹，置于通风处晾干待用，系线上端还需要做一个钓糠坨木柄，并涂上红漆，像浮标一样露出水面 1 厘米，以利于观察鱼类吃饵的动作。合格的糠坨有三个特点：一是味香，经水泡浸后，表皮有一层黑油；二是不散，无论泡在水里多久，水只能沾在皮层上，里面依然坚硬如石；三是不发霉。钓毕，把糠坨表皮晾干或晒干就不会发霉了。

正确使用糠坨，应该是在垂钓之前做好准备工作。先把当日所需的糠坨放在水里泡一下，然后选好垂钓点即可下水钓鱼了。一次垂钓究竟要放几个糠坨？如鱼密度高的，糠坨放 2~3 个就够了，反之则可多放几个。

诱饵有两种类型。一种是碎散型，另一种是固体型。碎散型诱饵包括小米、豆饼、花生饼、麦麸、大米、米糠等。这种诱饵优点不少，最大的优点是见效快，其次是灵活性大，当选点不理想时，随时都可以转移。但是，使用散碎型诱饵易招来各种杂食性鱼类。糠坨在水里会不断地散发出独特米香味，诱来的鱼类可望而不可及，只能用吻部使劲地啃个不停，离开又舍不得。经验丰富的垂钓手一观察到浮在水面上的糠坨柄微微颤动的信号，立即放下活蹦蹦的蚯蚓诱饵引鱼儿上钩，获得良好战果是大有希望的。

在使用糠坨过程中如果操作不当，也会出现一些失误。如提竿没有掌握要领，有时会连鱼带钩缠在糠坨线上使鱼脱钩跑掉，这是弊病之一。跑掉一条鱼微不足道，但对前来觅食的鱼群则影响较大。为了避免缠线，下钩时要离开糠坨 10 厘米，当鱼吃钩时，如果糠坨在左边，提竿就要向右边提，这样就可以避免缠线了。在活水河塘用糠坨钓鱼，还要注意涨潮和退潮。遇到涨潮垂钓者在钓前要算好涨潮时间，把木柄多露点在水面，尽量少去挑动糠坨，一旦它被水淹时，就要用鱼竿轻轻向高处拖一点。

初到一个陌生河塘垂钓，易上钩的钓点也不是一下子就能选准的，当感到所撒的糠坨窝子不够理想时应另移撒窝。在大面积的河塘里，注意调整、选择恰当的垂钓窝子是灵活垂钓、取得丰硕成果的重要因素。

（四）撒窝饵料的制作与使用

在季节、气候、环境、水域、鱼情大致相同的情况下，鱼饵质量和选用鱼饵是否因鱼而异，对垂钓收获的多少是一个很重要的因素。

鱼饵可分为诱饵和钓饵。对鱼饵的要求是味香、色鲜、饵活、持久。

1. 窝

包括米窝、粗糠窝、细糠窝。主要作用是引鱼，当鱼闻到香味看到食物就赶来，来了就不愿走，使窝内保持经常有鱼。

①米窝：把大米盛在密封器具内，用 2/3 白酒和 1/3 清水泡透备用。

②粗糠窝：用炒熟（不要炒焦）磨成细粉的黄豆粉 50%、米粉 30%、菜籽饼粉 20%，加部分煮（蒸）熟的地瓜（红薯）或土豆（亦称洋芋或马铃薯）花生饼粉或用麻油（香油）10~15 克和白酒、稀粥混合在一起，用手揉均匀，以不软不硬为宜。

③细糠窝（在鱼坠鱼钩上带的窝）：用黄豆粉 50%、炒米粉 30%、麻酥糖 10%、芝麻粉 10%、麻油 5 克，以适量的稀饭汤揉匀，以不软不硬最好。

2. 撒窝的方法

钓位选定后，先撒米窝，用天女散花的方法撒向钓位，撒 2~3 把，撒的范围为 1.5 米。另一种是用撒窝器，此种窝较集中些。钓窝找好后，撒粗糠窝，第一次要撒多些，像鸭蛋大小的可撒 6~8 个，最好撒得集中些，在 1 米范围内。以上的米窝和糠窝约持续 1~2 小时，在此过程中，可根据情况及时补窝，同时在每次下钓时带细窝，使窝内保持有香味有食物。

　　以上撒窝方法，用于限位、限距的比赛，如果是自由钓，可多选撒几个窝子，使钓到鱼的机会更多些。

四、钓鱼经

（一）淡水垂钓经

1. 如何选择钓点

钓者来到水边，放眼望去，碧波荡漾，鱼到底藏在哪儿呢？在什么地方下钩好呢？尤其来到一个陌生的水域，更是一件需要动脑子的事。其钓鱼经是："春钓边，夏钓潭"、"三伏钓早晚，春秋钓中间"等。究竟有没有既准确又简便的方法能找到鱼的踪迹呢？下面介绍五条寻觅鱼踪的经验。

（1）**鱼觅食的规律** 鱼贪食饵料，哪里有食物就会往哪里聚集，水下的腐烂植物、小虾小虫、水面的浮游生物、柳絮杨花、草叶昆虫等，都是鱼追逐的对象。就水下而言，草墩苇根处，水底的乱石、草叶堆积的地方，也是鱼觅食之处。俗话说："钓草不钓光"，是指在草墩苇丛处钓鱼，要把鱼钩下到其缝隙中或边缘处，不要下到光亮的水面。"钓脏不钓光"，这个"脏"指的是水下有乱石草叶等物，只有这些地方才能孳生、繁衍和聚集虫虾，它们是鱼的美食，能招来各种鱼。在这里下竿虽有可能挂底，但确有鱼可钓。光洁平整的地方是留不住鱼的。

养鱼池经常投料的地方，自然是鱼聚集的场所。另外，海边的礁石、山湾回流、人工鱼礁、桥墩等处，也是鱼爱聚集的地方。钓者自然用饵料打窝子，是诱鱼聚集的最好方式，但只限于静水。另外，还可用草捆成捆，加石块沉入水底，或用网兜装菜叶、青草加石块沉入水底诱鱼，效果都不错。

（2）**水温** 鱼也是怕冷怕热的，随着天气的变化，会随时游到水温最适宜的地方去。谚语说："春秋钓阳夏钓阴"。春秋季节是冷暖交替之际，岸边水浅易被阳光晒透，水温自然高于深水区，鱼趋温而来，夏日水面温度升高，鱼不耐热，自然游向阴凉处或深水区避暑。

在某个水域中，因下雨或其他原因，大量凉水突然增加，使水温明显降低，鱼受到凉水的刺激，可能潜伏不动，更不会咬钩吃食。必须经过一段时间（两三天）水温趋于正常，鱼适应了新的水温，才能咬钩吃食。

（3）富氧的水域　鱼对氧的需求不亚于人类，有氧则欢，缺氧则死。水中最富氧的地方，一般也是鱼最多、最活跃之处。水在翻腾流动时，易将空气中的氧溶于水，因此，在静水域的入水口，人工养鱼池的增氧机等处，是鱼最爱聚集的地方。刮风时的迎风岸边，除有大量浮游生物、水草虫虾被风浪送过来之外，风浪也可使水中的氧气增多，鱼寻氧觅食自然会在这里聚集。当然，迎风投竿会增加些难度，钓者本身也要辛苦得多，这就需要钓者权衡利弊做出判断。

下雨也能将空气中的氧气溶于水中，尤其是闷热的炎夏，气压较低时，鱼也特别难受，养鱼密度大的水池中，如无增氧设备，鱼将浮出水面，严重时就会"翻坑"死鱼。这个时候如果下雨、刮风，情况就会有所缓解。所以雨后钓鱼，也是上鱼的好机会。

遵循鱼觅食、喜氧和怕冷、怕热这些习性选择钓位，大多数情况下都会达到满意的效果。

（4）水声　一般来说，有鱼跃出水面的击水声，说明这儿鱼多，此时鱼活跃，正是垂钓的良机。如春季产卵期的鱼情最容易观察得到。黎明时，鱼群纷纷游到浅水处水草里进行追逐"甩仔"；有时露出水面，发出"啪啪"的声响；有时在岸边"谈情说爱"。初秋，水面上、水草茎叶下，发出一片"嚓嚓"声，鱼活跃，水草凌乱，茎叶残缺不全，草茎漂浮，表明食草性鱼类较多；水草的草叶震动，草丛中必有鱼栖息。

（5）鱼泡　鱼泡是鱼觅食触动泥土发出的水泡，或是鱼吃食时嘴里吐出的气泡，但气泡并不都是"鱼星"，有些气泡是水底腐殖质受热或被流水搅动上升的沼气泡，大小差不多，位置固定，间歇时间相近；而"鱼星"有大有小，随鱼活动。这两种情况只要认真观察还是可以分辨的。各种鱼发出的鱼星是不同的：鲫鱼鱼星小而少，三三两两，如同珠子，放出的速度慢，星距长；鲤鱼鱼星放出三四个似樱桃大小的气泡，往往先吐一个大的，然后连续密集上升，星距较近；草鱼鱼星先上来单泡，略大于鲤鱼鱼星，随后又不断地上升四个气泡为雌鱼，若间断上升单气泡为雄鱼；鲢鳙鱼星较其他鱼多，气泡先大后小，一次放几个，移动还放；黑鱼鱼星随动随放，形成连串气泡，似花生米大小，星距小，速度快；泥鳅的鱼星细而密，成串，呈现泡沫状。鱼大鱼多鱼星也大也多；鱼小鱼少鱼星也小也少。观此鱼星，可识别水下鱼种，可因鱼施钓。

2. 如何选择钓点与钓距

钓距和投钓点的选择，是钓点的微观选择。选择钓距，可根据"春近秋远夏钓中"的气候规律来决定。鱼类有按季节洄游的规律，春天游向近岸，近钓好；夏天常避入深处，中钓好；秋天鱼在深潭，且多有大鱼，在"放长线钓大鱼"的同时，也要考虑"早晚钓边午钓远"的规律，鱼类在"早餐"和"晚餐"两个摄食高峰时间里，多在近边处活动，可近钓；而早9时至午后3时，一般要潜入深水处，可远钓。风天可近钓，尤其是大风天更要近钓，此时草摇曳，昆虫落水，所以这时近钓为佳。天阴下雨钓岸边，因为天阴下雨，光线暗淡，环境比较安静，鱼会游至岸边觅食，所以，近钓为好。

所谓选择投钓点，即在同一钓位上采取不同的抛钩地点。钓点的选择主要决定于水域里有无依傍的水草、木桩、石壁；是否可能存在鱼聚集的坑洼和过往鱼道，有无抛钩障碍物。水草是鱼生存的"粮仓"，也是鱼产卵期的天然"产床"，又是鱼夏天乘凉、冬天避寒的场所，所以在水草的空隙处选择钓点是最佳钓点。正如谚语所说"钓鱼不钓草，多半是白跑"。如堤岸呈局部凹角，水底多呈坑洼状，为鱼类聚居处，风浪天气这样的地点更成为鱼类的"避风港"，可为较好的钓点；如果堤岸呈高部凸角，常成为鱼类往返的"交通要道"，亦为好钓点。

3. 如何打窝及注意事项

（1）打窝"六要"

①必须要将季节、风向和地点三者结合起来考虑：饵窝能够聚鱼，是因为诱饵在水中散发某种鱼所喜欢的气味。无风浪的静水里，气味的传播并无一定方向，是缓缓地向四周扩散；面貌一新有风浪的情况下，这种传播却具有明显的方向性，即顺风迅速传播。如果下风处鱼多，集鱼就多，鱼群会循味顶浪而上，聚到窝点；反之，下风处无鱼或鱼少，饵窝就不能起到较好的集鱼作用。每个钓点两侧的水域宽窄往往不同。一般说来，水域宽阔一侧鱼大且多，水域窄的一侧鱼小且少。因此，必须对季节、风向和地点进行全面分析和综合考虑后再打窝。

春季，下风一侧为宽阔水域的侧风一岸打窝效果较好。白天鱼群大多聚于深水边沿的浅滩处，在侧风一岸打窝，诱饵的气味就能随着风浪，顺着边沿的浅滩传得很远，会引来大量鱼群进入窝点。

另外，在春季打窝，窝点打在水草、木桩等依傍物体的下风一侧效果好，原因是物体阻挡风浪，使其下风一侧的水体相对稳定，造成鱼群久留的条件。

夏、秋两季，鱼多在深水中，因此饵窝打在下风处为宽阔深水的侧风一岸效果好。

②要调试好水线，选好钓点，将钩投入钓点之后进行打窝，才能把窝打得准

③要掌握好诱饵在水面上的落点：打窝不能完全根据水面上

鱼漂所在的位置来进行，否则易造成窝点偏差。另外，饵团抛过了钓点或正落于饵钩上，都对垂钓不利。为什么正好落在饵钩上反而不利呢？这和鱼的摄食习惯有关。饵团入水后，很快被水泡开，散摊于水底，没多久，就会扩散到较大的范围。如果是一次投几个饵团，其范围就会更大。这时，鱼小心翼翼地从边缘开始往里吃食，等吃到中心有钓饵的地方，也就吃饱了。因此，饵团正好落在钓点不好。

那么，饵窝应该打在何处呢？最好是打在钓点的内侧（即近岸一侧），距离饵钩20～30厘米处。这样，当饵团在水底扩散后，能使饵钩正好处于饵窝的外侧边缘，容易被鱼发现。

另外，让饵钩处于饵窝的外侧，还有一个重要的原因。当鱼群聚到窝点时，往往是大鱼在外侧（大鱼比较狡猾，总是同人和竿离得远些），小鱼在内侧和左右侧，而且，外侧鱼的密度大。因此，投钩点选在窝的外侧上鱼多，内侧上鱼少且小。

④窝不要过大，更不要在一个地方同时打几个窝：窝打得面积很大，或在一个地方同时打几个窝，可能引来鱼多一些，但很难使它们集中在一个较小的范围，钓点上鱼的密度会相对减少。一处窝引来的鱼的数量总是有限的，不能让有限的鱼分散在大的范围内。

⑤打窝后不要急于垂钓：这是因为鱼进窝有一定的过程。一般说，春秋两季，鱼大量进窝约需半个小时左右，夏天约需一二十分钟，冬天则需要一二小时。如果不等鱼大量进窝就钓，容易惊吓鱼不敢进窝。羊群里有头羊，鱼群中也有头鱼。头鱼不进窝，多数鱼也不会进窝，就是已经进窝的鱼也会很快离开的。因此，必须等头鱼进了窝，放心地大胆摄食时再垂钓。

怎样判断头鱼和鱼群进窝呢？鱼群中头鱼发出的声频是很高的，当头鱼进窝后，鱼群便纷纷进窝，在头鱼的指挥下抢吃食物。如果没有出现这种现象，通过观察水面波纹和鱼星，也能够判断鱼是否进窝。鱼群进窝后，水中出现鱼星和许多细小的气泡，水面波纹也发生异常变化。

总之，只要留心观察，一定能够判断出鱼群是否进了窝。

⑥打窝方法要得当：以香精小米窝为例，小米为通常喂子，但很多人在用法上却颇多失当处；为投掷方便，有人以面粉和之成团，这种诱饵集中，易致鱼不见钓饵只见窝儿；同样，为打窝方便，不少人发明使用各类投饵器，都是盛具，投窝仍有集中之嫌。其实，打窝要"散"让鱼"可及不可食"：馋得要命，又吃不尽兴，三捡两捡便捡到钓饵上去。不过也有人就干小米抓起来一扬了事，"散"虽散了，诱效差。"散"也得有个限度，通常应以30~60厘米的见方为宜。香精以菠萝香型、香蕉香型为好，当然，若有椰蓉香精最好，中国台湾省钓鲫专用饵多为椰蓉香型。浸泡时用温水浸泡，只滴入几滴食用香精即可。香精是化学香料，入水穿透力极强。

再以豆饼、花生饼窝为例，豆饼窝分块状和碎屑状两种。块状坚硬抗泡、诱力长久，鱼被诱惑却只可啄食表层泡软的屑渣，也起到"可及不可食"的作用。可直接投掷，较大块也可中间打眼以鱼线控之，投不准可拉回重投，收竿或转移钓位也可取出带走。块状豆饼宜在时间较长的垂钓中使用。辽宁有钓客到碧流河水库做连日钓，使手竿者往往先用速效碎豆饼屑投窝儿，试钓一两小时，一旦有鱼上钩，定下钓位，便拎出口袋，将豆饼块子投将起来，常常一投就是半口袋，这样两三天中尽可坐食其窝儿，效果极佳。"发窝儿"后一根手竿常忙不过来，一趟获鱼30~40公斤往往不在话下。碎豆饼有见效快的特点，加曲酒预先浸泡发好，钓时捏团投掷，落水即散为宜，适时补窝儿。此种喂子诱力强，宜在较短时间的垂钓中使用，缺陷是易"喧宾夺主"，故使用中应扬长避短，如与泥土掺和使用，用纱布包成一包投掷，或将发好的豆饼装入塑料袋扎好袋口，用铁钉在上边戳密眼，与纱布纱网同效，且钩落其上不致挂住。

在养殖塘撒颗粒饲料做窝也要掌握上述原则。一次不要撒得太多，抓十几粒、几十粒撒向浮漂周围即可。量少勤投，效果远胜于一次性大量投掷。

此外，说说海竿钓怎样打窝。海竿用饵一般是面食和糟食两种，使这两种饵都可在垂钓中做出窝子。先说面食饵窝。常钓鱼者会发现一个现象：谁那儿上鱼就越上鱼，谁那儿不爱咬钩就越是一口不咬。除了钓饵与钓位因素，不能不说"窝儿"是那"怪圈"之首要症结所在。海竿饵坨大，咬钩时猛一提竿，余饵尽留窝中。尤其若使用多根海竿轮番起钩，那么钓窝中便会形成可观饵窝，鱼焉有不集之理？反之，不咬钩则守株待兔，纵然守到该换食了，也多是稳稳起竿摇上来，饵坨常会带回岸来或是拖至半路才掉落，这样的窝中仍是空空如也。琢磨出道理便应琢磨对策：其一，面饵要软，提竿时尽量使其原地掉落。其二，咬钩时提竿要猛，换食时同样应加力一挑，使饵掉落。其三，开钓时应先轮番打几遍食，以使成"窝儿"。其四，不咬钩时要勤换食。以上方法到位，效果自会改善。

再说糟食窝儿。赴水库钓连日鱼，钓友们总结出一个规律：第二天往往会比头天效果好，而第三天上鱼又胜于第二天，此现象尤以糟食为明显。较之面饵，糟食更易形成窝子，一提竿会尽留窝中，面饵软为好，而软了则纵遗窝中也会被鱼三口两口叼光。糟食化开后则为粉渣状，鱼吸食游动又会将其搅散。打竿抛饵后，钓窝中零散渣末已留成片，鱼久聚不散，直到一一上钩……这便是越钓越上鱼的道理。

（2）打窝的最佳时间　根据鱼的活动规律（特别是夏秋季节），打窝的最佳时间应选在天亮前为好。如有条件能在头天晚上选点打窝（饵量可适当多些）就更好了。如果打窝晚，大鱼已返回到水域中心深处，即使窝子再好，也只能招引些散杂小鱼。所以有经验的垂钓者往往半夜时分就出发上路，那是他们在抢打窝的最佳时机呢。

（3）做"饵路"　先把一定数量的窝食集中打在钓区，此窝点称之为主窝，然后再抓起两把窝饵，一把投在主窝的前方，连接主窝向前延伸三五米即可；一把分撒在主窝的左右两侧，延伸两三米即可。扬手漫撒的窝饵呈散碎状星星点点地连接主窝。向前和向左右两侧延伸，我们称为"饵路"，也有人把这种窝称为"导向窝"。鱼只要接触到一点零星的散碎饵食，它就会顺着"饵路"游到主窝区吸吞主窝饵，及早发现窝饵的可能性大多了。

（4）做"鱼道"　选准钓点，多次大量投喂，一次投20个饵团，连续投一星期，喂而不钓，形成一大片"人工鱼道"。鱼在一处觅到食物，饱食之后，第二天再来，仍有食觅，养成了每天定时到"人工鱼道"觅食的习惯。前来觅食的多数是大鲤。一星期后，用与投入人工鱼道相同的窝子食做钓饵，挂炸弹钩垂钓，每天早晨定时去钓1次，连去一星期，都会获得丰收。这种先喂后钓的方法，更适用于住处距钓场较近的垂钓者。当然，每次投喂最好选天亮前或天黑后无人时，勿让其他钓者发现你的"鱼道"。

4. 如何挂鱼饵

钓饵挂钩露出钩尖好还是不露出钩尖好，不能一概而论，应根据鱼的种类、用饵的种类、垂钓的环境等具体情况而定。

南方在静水中钓鲫鱼，无论钓饵是蚯蚓还是面团，以不露钩尖为好。北方在水质较浑或有水流的区域钓鲫鱼，露出钩尖钓就无多大影响。

从夏、秋季节悬钓草鱼的实践来看，钩上挂青草、菜叶、蚱蜢、油葫芦、蟑螂等，露钩尖与否则无所谓。因为这时期是草鱼的快速生长期，其摄食量大、吞食凶，连一棵棵青菜都能拖入水中啃吃，何况一只鱼钩露一点尖呢？而且从菜叶、卷叶挂钩的角度来讲，钩尖的倒刺穿出，反而可以压住卷叶，使钩饵多次投抛仍不会松散。

溪流垂钓时，钩饵入水后会随流水不断漂荡，鱼顶水抢食，基本看不清钩是否露尖，照吞不误。

北方钓取鲢鱼、花鲢的"飞钩"露钩尖，垂钓时钩尖故意全部裸露在饵料外面。其原理是利用鲢鱼、花鲢不喜吞食饵料，而喜吸吮雾化的酸糟食的习性，将酸饵装在四周冒着多个钩尖的盛器内，当鱼要想吸饵时，就会先吸到露在外面的鱼钩。

下面着重介绍面食、蚯蚓、小虾、小鱼和红虫的挂法。

（1）面食的挂法　根据鱼钩的大小和面食的软硬来确定面食钓饵的大小。通常是钩大挂大食，钩小挂小食；面软挂大食，面硬适当减小。钓大鱼时应使钓饵全部包住鱼钩；钓小鱼时可将面食挂在钩尖上，其开头最好是团状、球状、梨形和圆柱形。

（2）蚯蚓的挂法　最好挂整齐的活蚯蚓，蚯蚓在水底蠕动会吸引鱼类视线。如果鱼钩小，可将蚯蚓截成两段，从截断处挂钩，这样蚯蚓还可以蠕动。切勿把蚯蚓拍死再挂钩。

此外，挂蚯蚓还要求"前不露（钩）尖，后不露肉"，挂法是正确的；而前露钩尖和后露肉都是不正确的挂法。因为前露尖鱼不肯食饵，而后露肉鱼从此处啄食，即使送漂儿也无法钓到。

（3）小虾的挂法　用小虾做钓饵时，要从虾尾向虾头方向挂食。挂食前应将虾须去掉，以免小鱼啄须送假漂。

（4）小鱼的挂法　挂小鱼要顺脊背向鱼头方向挂钩，而且必须将钩尖露出脊背，否则被鱼吃钩了还容易脱钩。

（5）红虫的挂法　事先用红线将5~6条红虫（多一些也可以，视鱼钩和红虫大小而定）捆在一起，然后挂在鱼钩上。

5. 如何确定钓线的长短

（1）钓线长短的确定　钓线的长度要由垂钓水域的情况和它周围的环境条件来决定。

①草窝或苇塘垂钓宜采用长竿短线的形式，将多余的鱼线贮存在钓竿梢上，竿上只留50~60厘米即可。这样，当鱼上钩后，由于钓线短，提竿快，能迅速将鱼提出水面，鱼不易钻草逃脱。

②树阴下垂钓。上面的树枝妨碍甩竿时，可采用鱼线1.5米

即可。

③较深的水库湖泊垂钓。钓线要长，便于深入水中。

④标准的长度是钓线比钓竿短 30～40 厘米，这对调节鱼漂、装换钓饵和摘钩取鱼都比较方便。

（2）测水深与钓底时鱼漂的调节　合理的水线长度可以使鱼漂的灵敏度达到最佳状态，垂钓前要探测水深。一般探水的深度是用调节鱼漂来进行的，水线太短，应将鱼漂向上调节。水线长短适中，即鱼漂尖与水面距离 0.5～1.5 厘米（流动水域或有风浪时，其距离还应适当增加）。测水深时，也可顺便测试水底是不是平坦，有没有水草、青苔、杂物等。

（3）试位　垂钓地点选好后，不要急于投诱饵，要先试位，以便深明水底的情况。在江河湖泊与塘沟渠道试位的方法各有不同。

①在江河湖泊中试位：先试水流速度如何。把鱼线放入水中，不一会连浮漂都被冲入水下，说明流速过大，不能钓；如果鱼线投入水中，浮漂缓缓沉入水下，可加重鱼坠，使鱼钩在水底不被水冲移动。不同类的鱼，个体大小能克服水的流速有所不同，一般来说，流速快的水域中稳不住鱼，不宜下钓。如果水的流速适中，再把鱼线放入钓位附近的几个不同点（直径 1 米的范围内）。如果水底忽深忽浅，则不能垂钓，否则垂钓时会忙于调整浮漂和钩子的间距。如果水太深（250 厘米以上）或水太浅（不足 50 厘米）也不好垂钓，选择在 70～150 厘米水深的地方，因淡水野生鱼类喜欢在较浅的地方觅食。如果发现水下有障碍物的地方应避开。总的来说，通过试位来选择水底流水较缓、地势平坦、无障碍物、水深度适中的钓位。

②在塘沟渠道的试位：试位前选择好垂钓人在岸边的位置，岸不能太陡，所选的位置要使人能立、能蹲又能坐。钓位到站位的上方没有树枝、电线等，以便于提竿时不挂鱼线。塘沟渠道的底部往往长有海绵状的水藻，试位时鱼钩沉入水中，如果在同一

地点，鱼钩有时能沉到水底，有时沉不下去，而将钩慢慢提起时，钩上挂有一缕缕像线一样的黄绿色水藻，这样的地方就不能垂钓。因为鱼钩沉入水后陷入水藻中，鱼很难发现钓饵。在塘沟渠道中垂钓，也应选择水底流水缓、地势平、无障碍物的地点。

6. 如何甩钓竿

常用的甩钓竿方法有大回环甩竿法、半回环甩竿法、小回环甩竿法、送入法四种，简介如下。

（1）大回环甩竿法 此法适用于湖（河）面开阔、岸边钓点周围没有障碍物的场所。

（2）半回环甩竿法 可用于岸边有障碍物的场所，但钓区上面空间没有障碍物。

（3）小回环甩竿法 可用于岸边有障碍物的场所，但钓区上空也不能有障碍物。

（4）送入法 在垂钓区空间有障碍物或钓区岸边人员拥挤的情况下，采用此法。用送入法最好使用标准长度的钓线（即钓线长度比钓竿长度短30～40厘米）。操作时，右手握竿，左手轻轻拉紧钓线，然后右手抬竿左手同时撒线，利用竿尖的弹力轻轻将钩、漂送到预定水域地点。采用送入法的好处是准确、轻松，不妨碍他人垂钓。

7. 底钩甩不远怎么办

底钩是我国北方地区广泛使用的一种传统钓具，它具有制作简单、操作方便、成本低廉、上鱼率高、收效大等优点，尤其适合中老年钓者使用。

在夜晚或是江河中的陡崖处垂钓使用底钩，不需要远甩；但在白天尤其在浅滩处垂钓，一般都需甩出四五十米开外，越远越好。

有些钓者甩不远，主要是方法不当。一般毛病出在以下几个环节上。

（1）铅坠轻 底钩的铅坠应重些，一般不小于150克，轻了甩不远。如在江湖流水中垂钓或是逆风向甩钩，需重一点，应200克左右。这样的坠重，可以甩出60米。

（2）操作方法不当　有的钓者图省事，用手握着铅坠去甩，近距离二三十米远是可以的，再远就不行了；也有的钓者缺乏经验，不采取任何措施，用手提起钓线前后晃荡两下就顺势"悠"了出去，这也是一种不正确的方法，既甩不多远，又容易被钩着手（尼龙线都是滑的）；还有一种情况，就是放线方法不对，不是线打团，就是鱼钩钩住了主线。

正确的操作方法应当是先拴"把手"，然后握着"把手"处，采取过头旋转抛甩法，将钩坠甩入水中。这样既甩得远（六七十米或更远）又安全（鱼钩钩不了手）。

拴"把手"的方法：取20厘米长一段瓦工线（或锦纶线绳也可，注意应使用软线，不可用尼龙线）。在主线上距铅坠1.3~1.6米处折一个线套，呈扁"又"字形，套长5~7厘米。左手捏住线套，右手拿瓦工线，将瓦工线一端穿进线套中，留出线头，然后在线套上逐圈缠绕，缠绕长5厘米左右停住，将剩余的线头穿进线套中。这时两只手同时拉线套两边的主线，将线套抽紧，"把手"即做成，剪去两端多余的瓦工线头即可（说明：拴结"把手"，应在出钓前就做好，不能到了钓场现拴）。

甩钩动作要领：身体侧水而站，右手拇、食、中指一起捏住"把手"将主线和钩坠提起，以顺时针绕头顶旋转三四圈，当铅坠运行到水域一边时，顺势将钩坠抛出去，右手同时松开"把手"。这是底钩用得最多的也是甩得最远的一种抛甩方法。应注意抛甩的角度不可太大，主线与水平面的夹角以小于或等于30°为好，否则甩不远。还有一点，鱼钩距离"把手"不得小于30厘米，否则甩钩时，鱼钩很容易挂手。

下面再介绍两种抛甩方法。

（1）提绳法　将铅坠冲一小孔，穿一根长度70厘米左右的较粗的软线绳，结一死扣将铅坠绑牢，线的另一头结一大疙瘩。

抛甩时，手提线绳前后悠荡几下，顺势抛出即可，这种抛甩方法甩出35米左右没有问题，且无鱼钩挂手的危险。

（2）竿挑法　要在铅坠上冲一小孔，用一小段线绳从孔穿进，然后系一绳套，比竹竿略微粗一点就行。另需准备一根1.3米左右长的细竹竿。操作时手握竹竿，竿端头挑起线套，从右后侧向前用力甩出。此法如不是逆风向，可甩出六七十米开外，且不会挂手。

8. 如何观漂

鱼的种类不同，摄食习惯也有所不同，这些差异能从漂的反应上分辨出来。鱼咬钩的表现，除了鱼的品种不同之外，鱼的饥饿程度不一，摄食的反应也不一样。饿鱼夺食，它会一反常态，猛追猛抢。许多人都有这样的体会：养鱼池的鱼因食物充足，不如野鱼夺食凶狠。鱼的反应迅速和迟钝、快和慢，都能从浮漂上反映出来。

鱼摄食易受外部条件影响，如水温、水中含氧量、水的肥瘦，都导致鱼摄食情况的变化，反应在漂上就有所不同。即使是上述条件都相同，水的深浅不一，垂钓的方法不同，漂的反应也不一样。如果我们既了解鱼的生活习性，又掌握了鱼在特殊条件下摄食的各种变化规律，那么只要鱼咬钩碰动漂子，就能从漂的变化中将它们认出来。

垂钓时许多老钓手只要见漂稍有动静，马上就知道是什么鱼在咬钩，他们之所以能辨漂识鱼。有几个主要条件：不仅了解各种鱼的习性，而且也了解它们在各种不同条件下摄食的反应；再一个就是心中早有"底牌"——他准备的钓饵，就是专钓某种鱼的定向钓饵。例如钩上装草，除了草鱼别的鱼一般都不吃草，所以咬钩拉漂者虽未谋面，但可定为草鱼无疑。

用手竿垂钓，经常遇到以下几种鱼咬钩后漂上的反应。

（1）小杂鱼闹漂　这是最易于识别的漂态：漂子不停地颤跳横移，或拉黑或送倒。调得愈灵的漂，其跳动愈激烈，钓友们形象地称为"会跳舞的漂"。它主要的特征是除漂子做不规则的跳动外，就是漂子轻浮，有一种飘动感。这是因为成群小鱼夺食，你拉我拽，使漂子漂忽不定造成的。

许多老钓手见到这些铺天盖地的小家伙，也苦无良策，钩上有饵它就闹，饵抢光了，漂也不动了。对付它的办法无非是将活饵改面食，将软饵改硬饵等。这些招数也仅仅是缓解小鱼的顽闹。可是换上小鱼不爱吃的钓饵之后，大鱼也无兴趣，影响上鱼。

对小鱼闹漂，另有一种带积极意义的评价：认为投下饵料，首先是小鱼进窝，为大鱼充当先锋，当大鱼见到小鱼在摄食时，它会立即过来抢食。大家都有这样的体会：小鱼闹漂时钓不到大鱼，当小鱼突然不闹了，那就预示着大鱼来了，"大鱼到，小鱼逃"，这时要盯漂子，准备大鱼咬钩。

（2）鲫鱼托漂　鲫鱼属底层鱼，也是在水底觅食，见到钓饵，先拱后喰，将它吸入口中，随即抬头，水面漂子的表现就是先点几下，而后将漂托起来，这就是鲫鱼咬钩最典型表现。传统的钓法是短脑线配擦底坠，所谓"擦底坠"，就是坠子虽接触水底，但并不是实实在在地沉于水底，仅是似触非触地接触水底。钓饵也在水底，当鲫鱼咬钩抬头时，轻易地带动坠子离底，水面的漂子自然上升。漂子上升的高低与调漂的灵敏度、水温及鱼的大小都有关系。

不论是夏钓还是冬天进行冰钓，鲫鱼咬钩送漂都是这种表现，只是水温低时，送漂稍显乏力。如果你准备的是小钩细线和钓鲫的香甜饵，出现上述送漂现象，你可以肯定是鲫鱼咬钩。

垂钓的方法不同，各种鱼咬钩送漂的表现都不一样，鲫鱼也不例外。如竞技钓鲫，采用悬坠长脑线，由于脑线长，鲫鱼咬钩上抬时，其力量先传到脑线上，钩虽上提了，但脑线来不及上升，使长脑线成"U"字形，托饵的力量反而变为拉漂的力量，所以用台钓法钓鲫鱼，一般会出现黑漂。如果用悬坠，但脑线短，鲫鱼咬钩抬头，又可能出现送漂。

（3）**鲤鱼拉黑漂** 鲤鱼和鲫鱼的口味基本相同，香甜饵及蚯蚓红虫，鲤鲫都爱吃。垂钓时从它们咬钩拉漂的动作中很容易区别：鲤鱼咬钩拉漂显得稳重大力，大多数是拉黑漂。

鲤鱼由于个体大，有力量，咬钩后在漂子的反应上是先微微点动几下，随即就拉漂入水。有时由于漂动看不清，只见漂子被拉入水中；还可能是漂子在水面做横向移动，如果能在黑漂和走漂时提竿，十拿九稳中鱼。外部条件不发生重大变化，即使在不同的池塘、不同水温的地方，拉黑漂的特点也都能表现出来。不同的只是养殖场的鲤鱼由于饵料充足，竞食性不强，拉漂略显缓慢。在饵料稀少的大面积水域，鲤鱼咬钩拉漂动作粗野，其力量比池养鲤鱼大得多。

鲤鱼和其他鱼一样，在外部条件发生重大变化时，摄食的习性也会有重大变化，属底栖性的鲤鱼可能循温追食游到水的中上层来；本来爱吃香甜饵的鲤鱼，也可能吃酸臭饵，有时还可能出现大送漂，不过它这种送漂的态势，与鲫鱼有明显区别，那就是快速有力。这些只能说是鲤鱼的非正常表现，可作为知识去认识鲤鱼，不可作为钓鲤鱼的依据。

（4）**草鱼咬钩变化无常** 经常钓草鱼的人会发现草鱼咬钩的情况是随着垂钓的方法不同、使用钓饵以及水温的不同等而有所不同。如在水温合适、水中含氧充足时，草鱼会显出十足的拉力，不仅拉黑漂，而且动作突然，不似鲤鱼、鲫鱼先有小动作再拉黑漂，而草鱼经常是在事前毫无动静，突然将漂拉黑，紧跟着冲撞拽线。如果水温稍低，又是底钓，它可能表现为咬钩轻，且不拉黑漂。若在深秋，水温进一步降低，草鱼咬钩还有一招新鲜的表现，就是含饵不动。笔者曾多次遇到这种情况：底钓草鱼，结果发现漂子悄然上升了一目，并停在那里不动，以为是小鱼将钩拖到草叶上，将漂子托住；用的是悬坠法垂钓，还认为钩上无饵，轻提钓竿准备换饵，结果发现钩上有鱼，但提竿太轻，未能将鱼钩牢，使它逃脱，连着两次都是这样。因此，提竿时不论有鱼无鱼，均应先有一个抖腕动作。第三次换饵下钩，又出现漂子上升一目不动了，这次我先抖后提，果然将大草鱼钩牢了。

（5）鲢鳙（鲢鱼和花鲢）海竿拉漂狠，手竿拉漂轻　钓鲢鳙时，有一种非常有意思的现象：用海竿配硬饵飞钩，鲢鳙咬钩后，显得非常粗野，总是将特大的漂拉入水中；可是用手竿装香甜软饵垂钓时，基本上见不到黑漂。鲢鳙进食都是"喝"，遇上硬饵飞钩，它也照常去喝，但由于飞钩伸在饵外，喝到嘴里的是裸钩，钩子入嘴，将鱼刺痛，就猛然逃窜，反映到漂上就出现拉黑漂。用手竿钓鲢鳙，由于配漂灵敏，它们过来摄食时，在吸吐钓饵的过程中，漂马上反映出来，钓手见漂动就提竿，所以见不到黑漂。

概括说：就是用海竿配飞钩，鲢鳙是先中钩后提竿，手竿是先提竿后中钩。这就是垂钓的方式不同，鱼咬钩的反应也不一样，所以不能用一种观漂的模式去提竿。

以上所说，仅是鱼在正常情况下摄食的反应。但鱼有时也会越出常规，发生一些不规则的变化。极个别的情况不能作为判断某种鱼咬钩的依据。

9. 如何调浮漂

调整浮漂是钓鱼时常遇到的事。因为池塘或水库内的水是有深有浅的，水底也不十分平坦。垂钓者从甲位置移动到乙位置垂钓，水的深浅有变化，那么在甲位置调好的浮漂到了乙位置就不管用了，又要花费时间多次移动浮漂。若是甲乙钓位鱼情不好，需再换位垂钓，可能又得调一次浮漂。每换一次钓位就得重新调整一次浮漂是件费时又无效益可讲的麻烦事。以下介绍两种调漂的方法。

（1）在鱼竿上划标尺　浮漂的位置通常在鱼竿的中部位置。按 5 厘米一格或 10 厘米一格用油漆画出数格。其颜色按鱼竿的颜色来定，若是黑色鱼竿就用浅色油漆，若是浅色鱼竿就用深色油漆，这样就形成了一种标尺。使用时若在水域甲处钓鱼，将浮漂靠近标尺，看顶端（或末端）对应的是标尺的几格，心中记住此数字。若第二次返回该处时就被记住的格数调漂，可以一次成功。

假如你在甲处垂钓，浮漂顶端对应的是"7"，后来你到乙处垂钓，浮漂顶端对应的是"6"，若第二次回到甲处垂钓时，就将浮漂的顶端向上移到"7"处就一次成功了。到其他位置垂钓调漂，记标尺数字方法同样。一次垂钓不可能到很多位置下钩，多半是二三个位子，脑子里完全可以记住，况且数字不会差得太多。

（2）用彩色橡皮筋作标记　其原理同上面一样，只是不在鱼竿上划标尺，而是用几种颜色的橡皮筋按等距离系在鱼竿上，记时不是记数字，而是记颜色。如在甲处垂钓浮漂的顶端对应的是红色橡皮筋，第二次回甲处垂钓时将浮漂仍对准红色即可。此方法更为方便，根据水的深浅不同，在鱼竿的不同部分绕橡皮筋。

10. 如何防止小鱼捣乱

在很多水域中，一般都是大鱼小鱼并存。在打下窝子后，小鱼率先而至，它们抢食凶猛，浮漂被扯得满塘跑，时而顶漂，时而黑漂，你忙得不亦乐乎，可又钓不上鱼来，钓饵被吃光，钓者遇到这种情况，大失钓趣。这时不妨采用下列方法来排除干扰。

（1）改变诱饵配方　小鱼对炒豆粉、炒芝麻粉、香油等香味料很感兴趣，闻香即来，在诱饵周围穿梭来往，若发现该水域中小鱼多，在诱饵中即要改变配方，投大鱼爱吃的饵料，少加上述香料。

（2）变换钓饵　小鱼对蚯蚓类荤饵最感兴趣。当荤饵一下水后，小鱼便群起而抢之，遇到这种情况，要及时变换钓饵。因小鱼对素饵类不感兴趣，可改用饭粒、面饵、糠饼粒、豆饼粒、花生饼粒等钓饵，这样可大大减少小鱼的干扰。另外，加大钓饵体积，小鱼嘴小吞不下，也可减少小鱼干扰。

（3）弃浅水，钓深水　农民钓鱼谚语："深水钓大鱼，浅水钓小鱼"。这就是说大鱼一般生活在深水处。因此，可在就近找深水区重新下窝，小鱼惧怕大鱼，很少涉足深水，故在深水处小鱼干扰较少。

（4）窝外钓　如在窝内发现小鱼很多，这时可试着将钓饵投在窝子外围，即在离窝子 50～80 厘米处的大水域下钩，这里小鱼密度小，大鱼也在附近徘徊，可以钓取不愿与小鱼争食的鲫鱼、鲤鱼等。

（5）开设诱小鱼窝　发现打窝处小鱼多，可在原窝子的上风处 1～2 米的地方另下一个香味更足的粉类诱窝，使小鱼趋香而去，这样可大大降低主窝中的小鱼密度，也就可减少小鱼的干扰了。

可以说，小鱼干扰垂钓是每一个钓者都会遇到的问题，也是目前难以彻底解决的难题，且每个水域中的情况并不一样，钓者可根据当地具体情况，及时改变对策，相信一定会有理想的收获。

11. 如何补充鱼饵

在手竿底钓中，诱饵的作用十分重要，它将周围的鱼引诱、聚集在一起，然后再用钓饵施钓。一般外出垂钓，少则半天，多则一天。在这么长的时间里，一个诱窝不可能持续这么久。因此，在垂钓过程中，必须适时补窝，使鱼恋窝不走。在补充诱饵时，应当注意以下几点。

（1）入水轻　在补窝时，窝点处已有鱼类聚集，而鱼类是怕惊吓的，一旦受惊即会逃之夭夭。在补充诱饵过程中，动作必须要轻，就是说饵料入水要轻，声音尽量要小。因此，补充诱饵时不能用手撒向水中，那样，诱饵入水时的声音就会将水底的鱼惊动。应将诱饵置于撒饵器中，慢慢趋近水面，轻轻入水，将诱饵倒于窝点处。

（2）**数量少** 数量少是指补充诱饵的数量应相对比第一次撒诱饵的数量少。因为在窝子里的鱼已有了不少饵料，有的已是半饱，再多撒饵，鱼吃饱了就会对钓饵不再感兴趣，不再咬钩了。若原窝里的鱼就很少，那么再多补便是浪费了。

（3）**补窝勤** 补窝勤是指补充诱饵的次数要多，这是为了使鱼留在窝子里，并不断上钩。在垂钓时最好打两个或三个窝。如在甲窝里钓上几条鱼后，再转钓乙窝时，应在甲窝里追补少量诱饵，以便过一会再钓。这样轮钓、勤补，可引诱鱼不断进窝，不愿离窝。

（4）**饵料精** 饵料精是指所用的诱饵质量要好，后面补充的诱饵应比第一次撒的诱饵质量更好，即少而精。例如开始时撒的诱饵以糠粉、麦麸为主，补撒时就应在原来的诱饵中再加入炒香的黄豆粉、芝麻粉、鱼粉等，使香味更浓，对鱼更有吸引力。补充精细饵料使吃到补撒饵料的鱼感到可口、好吃，越吃越爱吃，越吃越不愿意离开窝子。

12. 鱼不咬钩的原因及如何采取相应的措施

确知水中有鱼，可就是不咬钩，打窝一二个小时浮漂仍是纹丝不动。鱼不咬钩有多方面的原因，需要认真分析原因，只要找到了症结所在，对症下药，问题便迎刃而解。一般应从以下几方面查找鱼不咬钩的原因。

（1）**饵食是否对路** 平时用某一种饵料总能钓上鱼，同是一种饵料，这次鱼却怎么也不咬钩时，你会感到茫然。其实，鱼的口味会发生变化，这跟水域、水情、季节等许多因素有关。至于鱼的种类不同，食性各异就更不用说了。假如你对所钓水域的情况比较熟悉，可先从钓位、水情等其他方面查找原因；如果是生疏的钓场，又确实有鱼，则饵食对不对路，应是首要的一条，其道理是不言而喻的。

怎样才能知道饵食对不对路呢？这就要靠试验了。譬如你用的酒泡小撒窝、蚯蚓装钩，无鱼上钩，换别的饵食再试。喂窝个把钟头还不行，换一种饵再试验，把你带去的饵料逐一试遍，看哪一种上鱼。只要有一条鱼咬钩，就说明该种饵食是对路的。如果带去的饵食种类太少，可在岸边就近捉些蚂蚱、小蚯蚓、虫蛾一类昆虫或小鱼小虾试一试，说不定会使情况有所改观。也可以参考周围钓友的用饵情况和效果。

此外，应当考虑到垂钓时间是不是适宜，如果不在旺食时段，鱼就不爱张嘴吃食。比如北方地区夏季垂钓有早中晚三个旺食时段，不在这三个旺食时段，下钩后往往一小时不开张，也属于正常，需要耐心等待。

（2）钓位钓点选得是否合适　如果钓位选择不当，此处无鱼，当然无鱼上钩。或者钓点选的不是地方，或过浅过深；或水底有暗草，饵钩落不了底；或大小面的平直地段，鱼不在这里停留，更非鱼道或鱼窝。撒窝一两小时，窝内毫无反应，邻近的钓友也无鱼上钩，就有另选钓位的必要。这时你最好先绕场勘察一番，看哪里有适合的钓位，哪个钓位爱上鱼，确定有好的钓位再换。如果这时你邻近的钓友开始上鱼了，你可在原处坚持，在饵食、钓具或垂钓方法等上面采取必要措施，等待"好运"的到来。

当你到一个陌生的钓场垂钓时，切莫急于下钩，需记住"三分钓技，七分钓位"的鱼谚。一定要先转一转，看一看，凭经验目测，可大致判断出钓位的优劣；用重坠空钩可试出水深水浅；通过轻拉回拖，观察浮漂状态，可判断水底有无坑洼沟坎和暗草。总之，一定要把钓位钓点选在鱼游动觅食的必经之地和集聚栖息的场所。"磨刀不误砍柴工"，此乃经验之谈。

（3）水情方面　水位上涨过快过猛或回落过快时，鱼四处奔逃不咬钩，将钓位选在深水区，偶有所获；流水中垂钓，流速过快，鱼不在这里停留，应选择流速较稳处下钩；水色过于浑浊，饵食难以被鱼发现，使用白色、黄色或香味浓重的饵食，效果会好一些；水质过肥、鱼不爱咬钩，用普通饵食很难奏效，用蛆饵，或用酸臭、腥、膻、呛较重的饵食，能引起鱼的兴趣。再就是钓点水域的深浅，与鱼的活动规律不相符合，应及时在钓点附近调整深度或另换钓位。

（4）天气情况　天气的好坏对鱼的摄食有直接影响。比如闷热天气、下雾天气、连续阴天、雷雨之前，气压就会降低，水中鱼憋闷难受，不想进食，不是"钉"在水里不动，便是浮到水面吸气。这时即使把最好的饵食送到鱼的嘴边上，也无济于事。还有刮大风的天气，鱼在水底既不动弹，也不咬钩。这样的天气，即使把钓位选在树阴下、水草边或是深水与浅水交界处，也不会有多大效果。最好的办法就是"打道回府"。如果能预测天气很快变好，可以等待，因为"大风过后好钓鱼"。否则的话，还是赶快收竿的好。

更多的情况下需要灵活应变。如果天气无明显变化，开始时正常上鱼，后来不再咬钩，说明钓位、钓饵没有问题，就应该在鱼的游动水层上找找原因。因为随着太阳的升高水温同步升高，如果是夏秋季节，鱼便由浅水域转入深水域，或者由中上层转入中下层活动，这时就应该将钓点向深处延伸，改浅水域的底钓为深水域的浮钓或半水钓，情况就会好转；如果是春末冬初季垂钓，天气渐凉，水温较低，鱼游动缓慢，活动范围较小，只有等到太阳升高时，选择背风向阳较深水域或深水浅水交界处，挂荤饵，方可有所获。如若发现鱼频频起跳，惊慌逃窜，预示着天气要变坏，表明不宜垂钓，应收竿回家。

（5）是否受到外界干扰　除罗非鱼外淡水鱼都害怕受到干扰。岸边喧嚷的人声，来回走动的脚步声，频频挥竿发出的声响，身影竿影的晃动以及白色衣服的反光等，都会惊跑鱼群。特别是挂鱼船只敲打铁、木器发出的尖锐刺耳的撞击声音，更会吓得鱼惊荒逃窜，不会咬钩。

（6）鱼是否被钓"滑"或已养成偏食的习惯　常年开放的鱼塘，天天有很多人去钓，使得鱼积累了经验，不肯轻易咬钩，成为"滑鱼"。在这样的水域垂钓，难度较大，用通常的饵食和钓法难以奏效。采用别人不常用的钓法，很少用的饵食，或多或少有人用的钓法，方能偶有所获。譬如采取海竿近距离软线垂钓方法，让鱼线与竿尖保持一种松弛状态，鱼吸饵食后没有明显的异常感觉，这样便可使鱼丧失警惕，放心大胆地吞钩，而不轻易吐出。当它游走时便会拖动鱼线，于是钓者以鱼线的起伏和移动来判断提竿时机。此种软线垂钓方法比起通常紧线的垂钓方法，优点较为明显，是对付"滑鱼"的一种较好的秘术。

采用此钓法宜选用 1~2 米的海竿，不需挂漂。钓饵使用蚯蚓、蚂蚱、油葫芦等活饵，也可用鲜玉米粒、泡酒枸杞或面食。用单钩或双钩均可。但不适于炸弹钩或飞钩垂钓。钓线宜细，以 0.20~0.25 毫米为佳。操作时应注意将饵钩抛出后，先慢慢收紧鱼线，然后再缓慢松线，放线不宜太松，一般 20 厘米左右合适（线与竿尖绷紧时计算），否则鱼吸饵时，线的反应不灵敏。当然放的太短也不利，因为鱼吸饵后因竿尖的反弹力使鱼感到危险而将饵吐出。

除此法外，还可采用引钓法、拖钓法、掇钓法，也可取得一定效果。钓"滑鱼"钩宜小、线宜细，浮漂宜使用灵敏度高的达摩漂。素饵应突出色与味、荤饵要突出新和活，钓位宜选择很少有人到过的僻静处或犄角旮旯。

池钓更有其奥妙之处，由于塘主使用某种特殊的饵料喂鱼，使塘中之鱼养成了偏食的习惯，除该种饵料或饵味而不吃，所以鱼再多，你也钓不上来。养鱼塘垂钓，关键在于信息。必须想法搞清塘主的饵食配方，按照他的配方走，准保一个灵。

（7）钓具及其组合上是否出了毛病，如果其他各方面都不存在问题，则有必要检查一下钓具，看看有没有毛病 主要是看钩尖是否外露，钩尖外露会使鱼害怕不敢上前吃饵；钓饵是否脱落；铅坠是否过轻，致使饵钩悬空，达不到鱼的索饵层；钓线是否过粗或者鱼钩过大，使得小型鱼吃不进去；水域中下层是否有障碍物拖住了饵钩落不到底等。发现上述问题应及时处理。

13. 如何把握咬钩的信号

鱼咬钩信号是通过浮漂传递给钓者的，浮漂以不同的信号报告咬钩信息，钓者观察浮漂的动向提竿起鱼，是垂钓中最有兴致、最兴奋、最愉快的事，其中妙处难以用言语表达。常常见到这样的情景：众多钓者云集，技艺娴熟的钓翁频频举竿得手，而技艺稍逊或经验不足者收获甚少，甚至上钩的鱼又逃之夭夭。这就是为什么要研究咬钩信号和提竿时机的必要性。

由于鱼类的食性和咬饵方式不同，故浮漂的反应形态也有所不同。综合起来，有送漂、闷漂（亦称黑漂）、斜漂、抢漂、点漂、移漂等，这都是某几种鱼类咬钩的反应，垂钓者必须在一刹那间迅速做出反应，提竿起鱼。

（1）**送漂**　鱼头朝下尾朝上吃到鱼饵后扬头起身欲游时出现的现象，这是典型的鲫鱼咬钩信号。如是鲤鱼，浮漂上送速度较鲫鱼快，也有鲫鱼咬钩不送漂的，但只是在水很浅的地区或流水区。其他如鲤鱼、草鱼也有送漂的情形，但起初浮漂的摆动幅度都较大，且送漂也是偶然现象。

（2）**闷漂**　浮漂先是抖动几下，而后徐徐下沉，这多是鲤鱼咬钩的反应。有时青鱼、草鱼也是沉漂，浮漂抖动得越沉稳，下降的速度越慢，说明越是大鱼咬钩，思想要有足够准备。

（3）**斜漂**　浮漂先升后沉动作温柔缓慢，连续沉浮两三次，然后沿水平方向被徐徐拖走，且浮漂持续隐约可见，这多是草鱼。浮漂斜向下沉且速度较快，则很可能是青鱼。因为它们吞食都是自下而上，草鱼得食后平游而青鱼多下潜。如是鲢鱼、鳙鱼，走漂速度较草鱼快。

（4）**抢漂**　这也是常见到的状况，钩子一落水就被贪食的鱼类发现，咬住就跑，鲶鱼、黑鱼多是这种食态，在一般塘、池则又多是白条鱼的动作。

（5）**点漂**　浮漂频频点动，且时沉时冒，东游西走，起竿无鱼，这就是小杂鱼在捣乱。遇到这种情况，换大一些的硬食团，避免频频举竿。

（6）**移漂** 浮漂微微摆动。先不沉降，后时沉时降，鱼漂位置平移，这多是虾类索食动作，竿起得快时，它们的大夹还未松开仍可钓得，但多数起竿时中途落水。有虾无鱼时最好移动位置，"钓鱼钓到虾，赶快就搬家"。但若是浅水垂钓（30厘米左右深），鲤鱼咬钩也常有这种浮漂表现，水浅没有闷漂或送漂的余地，所以会出现移漂现象。

14. 鱼钩被障碍物挂住怎么办

鱼钩在水里被水草、树枝、藕秆、石头等障碍物挂住，而拉不起来，应采取以下处理措施。

（1）切忌硬拉硬扯，应先放松鱼线，再轻轻提竿抖几下，鱼钩多能脱出。

（2）把鱼竿梢放到水面，使被挂住的鱼钩变换位置，再轻轻向自己的方向提拉。

（3）放松鱼线，等一段时间，让鱼再吃鱼钩上的钓饵，使鱼钩变换位置，脱离障碍物。

（4）如果能将障碍物弄到岸边，可用手取出鱼钩。

（5）如果水浅，钓者可下入水中，把鱼钩从障碍物上取出来。

（6）如果以上方法都无效，只有舍钩、舍线，保住鱼竿。慢慢转动鱼竿，把鱼线、浮漂都绕在竿上，然后用力拉，鱼钩、鱼线或许被扯断，或许丝毫无损地被拉出来。

15. 怎样避免断线折竿

造成断线的主要原因如下：

（1）**鱼线偏细** 碰上大鱼上钩，线细承受不了鱼的强大拉力而被拉断。这就要求钓者对所垂钓水域中的鱼情，事先有一个大致的了解。根据所钓对象鱼及其大小来选用相应规格鱼线，不可一味求细，求灵敏度。诚然，线细有明显的优越性：上鱼率高，反应灵敏，而且手感好，但不能忽略的是在保证强度的前提下。

（2）鱼线受损　或变形、或起毛，或反复弯曲及扭转，或硬弯，或死结，或使用时间太长而老化，这样的鱼线根本不能再用，应立即换掉。

（3）鱼线质量太差，属假冒伪劣产品　在购买时应仔细检验，千万不可贪图便宜，俗话说"便宜没好货"。当然也不一定就越贵越好，关键是看性能，要进行认真的检验。

（4）提竿用力过猛，这也是造成断线的一个主要原因

（5）遛鱼方法不当　形成与大鱼"拔河"之势；或者未能将鱼牵出障碍区，让鱼窜进了水草丛、芦苇塘或乱树枝等障碍物中；或者鱼未被逼乏便急于起鱼，结果造成大鱼挣断钩线而逃脱。

钓上大鱼必须按照遛鱼要领牵遛。如果逃窜力大的鱼种，例如草鱼，更要注意，遛的过程中，伺机还要再"顿"它一两次，目的是将其嘴扎深扎透。只要是大鱼，必须把它遛到精疲力竭、毫无反抗能力时，方可拉近岸边，即使到了这个地步，也还是马虎不得，须提防"狡兔三窟"。

（6）有时海竿线被竿缠住放不出线，或是绕线轮失灵放不出线，致使形成"拔河"状态　这往往与操作不当有关，应改进抛竿方法。一旦形成既定局面，也要沉着应付，可采取一些临时补救措施。例如立即接上备用线，或是索性将竿平丢于水中，随鱼而去，然后再依据情况伺机而行，或下水跟踪牵遛，或请身边钓友帮忙。往往在历经一场"惊心动魄"地拼搏之后，出现失而复得的结局。当然也不能排除"赔了夫人又折兵"的可能性。

（7）钩线被障碍物挂住，提不出来而断线　这就要求在下钩前先勘察地形，特别是水底地貌情况，尽量避开水下暗草和障碍物。一旦钩线被挂住，切忌不可强拉硬拽，要按照上述中介绍

的方法将钩线取出。

折竿主要发生在下面几种情况中。

（1）鱼上钩后钓手将竿子垂直上举　这时钓竿通体受力作用不能发挥，而只靠竿尖承受拉力，而加上鱼的挣扎，很容易将竿折断。此乃钓手操作不当所致。

正确的做法应是先将鱼遛乏，提鱼时提竿不能垂直上举，而应向右斜方提拉（假使钓者右手握竿的话），这样使钓竿形成弯弓状，通体受力，就不会发生折竿现象。

（2）钓手握竿的部位错误　不是握竿柄，而是握竿的中间部位，甚至握竿的前端部位，显然这种握竿方法有极大的危害，即钓竿不能通体受力，只能靠前端受力，故很容易造成折竿。

（3）提竿用力过大过猛　不仅容易扯断钩线，而且也会折断鱼竿，尤其在鱼正逃窜之时，猛力提竿更易将竿折断。正确的提竿运作，应是用腕力上扬，用力要柔和，充分发挥竿本身的弹力。须知"提竿要有力"，绝不是"提竿用猛力"，这是初涉钓场的钓友应当注意的。"有力"和"猛力"是截然不同的两回事。

（4）钩线被水底障碍物挂住，处理方法不当　用力提竿，钩线未被拉出，也未断（断了倒好说），却把鱼竿弄断了。这种情况也多半出在新手身上。关于鱼钩挂底的处理方法，请参看"鱼钩被障碍物挂住如何处理"，此处不再赘述。

此外，有的钓手在竿梢上系上一节软硬适宜的弹簧，连接主线，一旦碰上大鱼咬钩，竿子被拉直，弹簧可以发挥鱼竿以外的弹力作用，以使断线折竿的危险得到缓解或避免。

（5）钓竿质量太差，尤其是玻璃钢竿缺乏韧性、发脆，经受不住大的拉力，特别是大的动载负荷的考验，很容易断裂　也有的竿管壁厚薄不匀，研磨粗糙，当竿体受力时，节与节之间受力不均，容易出现管壁裂口等断裂现象。因此，选购钓竿一定要注意检验竿的受力强度及竿的结构状况是否良好。

（6）脑线过于结实，不利于保护钓竿　在钓鱼时，拴钩的脑线一般应细于主线的线径。脑线过粗，不利于保护钓竿。一旦碰上大鱼，其拉力超过主线实际所能承受的限度时，如脑线细于主线，脑线就会断掉，而不至于损坏钓竿；反过来情况就很不妙了。

当然，粗脑线也有它的优点，如挺拔，有支撑力。

16. 为何在别人的窝内钓不上鱼

有位钓友说：有一次他去钓鱼，半天不见动静，只见旁边一位钓友连连上鱼，他便凑过去将竿伸到别人漂子附近，结果还是不上鱼，但那位钓友仍然频频起钩，不知这是什么原因？

别人能钓上鱼来，说明人家的钓饵对路，方法对头。你不上鱼，并不说明你原来下钩处无鱼，要从多方面去找原因：如自己的钓饵对不对路，钓具的组装匹配是否合理，垂钓的操作技术是否熟悉等，绝大多数不上鱼的原因是对上述问题处理不当，很少是因为钓点无鱼。

再说，在同一钓点上，鱼爱吃别人的钓饵，而不爱吃你的钓饵。在这种情况下，你不仅不应趋前，而且还应躲开钓饵好、上鱼快的人，离开他影响的范围。如果你另觅钓点，虽然钓饵差一些，但在无对比的情况下，鱼还是有可能咬你的钩。不少钓友都有这样的经验。当然，如果钓饵完全不对路，那你将钩下到任何地方，都会是"无鱼问津"。

到人家钓点上去钓鱼，还有两点弊端：一是将鱼惊走；二是鱼不爱吃你的饵料，会弃饵而去，结果造成大家都不上鱼。这种情况屡见不鲜，常会因此造成钓者之间的不愉快，故不可取。建议你从多方面去寻找不上鱼的原因，从根本上迅速提高自己的钓技。

17. 要适时转移钓窝

常言道"挪挪窝，钓得多"。这是指初次到一个陌生的钓场钓鱼，一时难于找到鱼群回游通道和觅食区，钓者不要死守钓窝。若在一个窝约一二个小时不上鱼，就应重辟新窝。如深水不咬钩，就改钓浅水；阳坡不上鱼，就改钓阴坡；大水面不景气，就到湾湾汊汊下钩。如此挪窝，三挪两挪就可能摸到鱼群回游通道和觅食区，避免空篓而归。

当然，也不可盲目过频挪窝，以至东甩一钩，西甩一钩，到处乱窜。

海竿的普及，远投钩的能力提高了，单竿的垂钓范围扩大了，这就更有调整钓窝的必要了。虽说是"放长线，钓大鱼"，但实践说明有时放长线不见得都能钓到大鱼，反而短线能钓到大鱼。大鱼通常是在离岸较远的深水区，然而鱼类的回游通道和觅食区就不一定都在远处，所以远和近不是能否钓到大鱼和钓鱼多少的标准，关键在于是否把钩投到了鱼的回游通道和觅食区。

因此，凡使用多竿垂钓者应实行远、中、近梯形撒钩，或左右呈三角布局。在施钓过程中，哪个钓点爱上鱼就向哪个钓点靠拢。总之挪窝和调整钓点，目的只有一个，就是将钩投到鱼群回游通道和觅食区。只有如此才能多钓鱼、钓大鱼。

18. 如何把握提竿的时机

在看到浮漂信号后，紧接的一瞬间就是提竿起鱼。恰当把握提竿时机是决定垂钓成败的关键技术。而提竿意识的强弱，提竿时机的把握，又来自能否准备判断鱼已吞钩这一瞬间，既不要迟，也不要过早。

什么是起竿最佳时机呢？如果送漂，上送过程中是最佳时机，早了鱼还未吞进口，迟了送漂动作已经完成，鱼可能已吐钩。若是闷漂，一般都在浮漂下走时提竿最好，有人时常看不住漂，发现漂没影了才提竿，何时闷下去的不知道，此时常是鱼已吐钩。当然，上面所说的提竿最佳时机只是就一般而言，实际垂钓中，浮漂的反应又会因鱼的种类、水的深浅、坠的轻重、饵的种类和软硬强度以及垂钓季节的不同而不同，所以提竿时机也就不能笼统视之，若想提高自己的钓技，不能不去精细研究。

（1）提竿的迟早要因鱼而异　熟悉不同鱼类摄食时浮漂发生的不同变化及其规律，才能恰当地把握提竿时机。如鲫鱼，其摄食特点是发现食物慢慢游近，俯首抬尾将食饵吸入口中，然后抬头上浮，若发现异样又吐出，这一过程反应在浮漂上先是抖几下，然后轻轻下沉，随即明显上浮，这就是最典型的"送漂"，这时提竿，一般可获鱼。与鲫鱼不同，虽同属底层鱼，鲤鱼是发现食物吞入口随即向远处游去，这一过程反映在浮漂上是略微抖动，然后浮漂成斜向沉入水中，此时提竿较易命中。钓草鱼，沉漂时可适当多停顿一会。

（2）提竿时机要因时而异　大自然有春夏秋冬四季变化，一天之中有昼夜之分。鱼类的摄食行为相应地受到影响，所以提竿的迟早也要随之改变。春天万物复苏，鱼类开始到浅水处活动。早春由于水温较低，鱼的活动最小，摄食动作比较轻微，反映到浮漂上的幅度也较小，很少出现大的沉浮。此时垂钓，提竿宜早不宜迟，否则空钩居多。到了晚春，鱼产卵后急需补充营养，对饵料的需求量加大，甚至饥不择食，此时垂钓提竿宜迟不宜早。夏季鱼的食欲平淡。入秋以后，食欲转旺，摄食沉稳。钓者可根据现场鱼情适当把握提竿时机。入冬以后，鱼的活动量大大减少，有的鱼甚至闭口冬眠，非鲜美可口之物难以引起它们的兴趣。况且因水凉，鱼嘴张得也小，咬钩动作轻，提竿宜早不宜迟。夜间垂钓时，不论手竿海竿，提竿动作应比白天慢一个节拍。因为鱼在天黑人静到岸边觅食时，几乎没有警觉性，吃钩贪食，常咬死钩。

（3）提竿时机要以水域情况而异　可供垂钓的水域是多种多样的：有江河湖泊，有沟渠池塘，有流水也有静水。由于钓场的不同，相应水深浅、瘦肥、酸碱度、含氧量和泥沙成分的多少等情况也不同。第一，提竿时机要视水的深浅而异。传统钓法中，铅坠多是沉底的。鱼衔饵上游或下沉时，先带铅坠，浮漂随之作出反应。水浅，入水的线短，鱼一游动浮漂立刻上升或下沉；反之，人水的线就长，鱼索饵动作通过鱼线从水下传递到水面就需要一段时间。这个时差，给钓者选择提竿时机提供了依据，如果在深水中垂钓等到送漂或闷漂才提竿，就已经耽误了提竿的良机，即使钓到鱼，也是贪食的杂鱼居多。所以在深水中垂钓，浮漂略有上升或下沉，便可提竿；与之相反，在浅水中垂钓，则应让浮漂出现大幅度的送漂或闷漂再提竿。第二，提竿早晚要视现场水情而定。在水肥的塘中垂钓，由于鱼不缺食物，吃饵非常习。浮漂反应幅度很小，只要略有迟疑，便会错失良机，故提竿宜早不宜迟。而水质瘦的鱼塘，因食物缺乏，鱼见到可口的饵料，很少"品尝"，上来就吞，吃食速度快，提竿应迟一些。流水静水又有区别，流水中的鱼由于居无定所，活动量大，需摄取更多的食物，吃食比较凶猛。故钓流水鱼，提竿时机不宜早。静水反之。

（4）提竿时机要因饵而异　荤饵中的蚯蚓、蛆虫都有一层薄皮，鱼先是吸入口中品尝一番才衔饵游走，因而浮漂动作时间长些。使用面饵或商品鱼饵时，由于饵的硬度差，不耐水浸泡，入口即化，省去了鱼品尝过程，浮漂动作时间就比较短。

由此得出结论：使用硬度高的钓饵及荤饵，提竿可晚一些；使用软饵或高雾化饵，提竿应早些。

上述种种是就一般情况而言，其实风浪大小等其他因素也会影响鱼摄食的反应。同时，这些因素又都不是孤立的，必须综合起来衡量和观察，并在实践中精细从之，要用心、要动脑，经验积累是永无止境的。

19. 鱼上钩后为何不可后退

有不少初学钓鱼的人，在鱼咬钩后，总是提起鱼竿向后退；有些使用海竿的人，一边摇轮收线，一边不断地向后边退步，离水边越来越远。这可能是钓手的一种错误判断；也可能是过于兴奋，过于紧张，怕鱼跑掉的一种不自觉的意识。

其实这是一种错误的动作。以手竿为例，钓到鱼后，人站在水边持竿在180°左右的水面范围内活动就可以了。尤其是钓到大鱼以后，应该在尽可能大的水域内与鱼周旋。这时如果往后退，这个活动范围也就随之缩小，遛鱼范围当然也就小了，鱼碰岸边的机会相对地多了，很容易造成线断鱼跑的后果。

使用海竿钓鱼的钓手，在鱼咬钩后，尽可能地向水边靠近，这样便于观察和操作。鱼靠近岸边时，要尽量领开，不让鱼碰岸。

当然也有一些情况可以例外。例如用较软较长的手竿钓到大鱼，当时又无人帮助抄鱼，这时钓手待鱼遛乏后，可以持竿向后退，将鱼领到岸边，再请人把它抄上来。

20. 如何提竿

提竿动作应该是先抖动手腕，然后是一个短促有力的动作抖动钓竿，使鱼钩急速地刺入鱼嘴，而后再向上提竿。把提竿分为两个动作，第一个动作就是抖腕，使用手腕的力量将钓竿抖动一下，使竿尖上抬20～30厘米，这时如果有鱼，钓线就会绷紧；如果没有鱼，钓线松弛，而后的动作是提竿，或遛鱼或换食。

这里特别要注意，抖腕和提竿是一个动作的两个阶段，当中不能脱节，抖腕之后，钓线不能放松，尤其是有鱼时，更不能松线，以免鱼脱钩。所以要特别注意抖腕和提竿两个动作的衔接。

使用海竿钓鱼，也应该有抖腕这个动作。因为用海竿钓鱼，鱼咬钩后竿尖头晃动，如果是大鱼，竿尖会弯下去，这时抬竿动作也不宜太猛，应该先抖腕后提竿。

21. 鱼脱钩的原因与处理办法

（1）鱼线太长，提竿时没有把鱼嘴钩透而脱钩　发现这种情况，要及时把线收短。一般来说，线的长度最长不超过竿长0.3米；长竿短线定点钓，从鱼漂到竿梢这段风线，不宜超过1米，线未绷紧或过长时提竿拉力不够，容易跑鱼。

（2）钓到鱼时，线未绷紧或用海竿钓提竿时，没有松开绕线轮的控制螺母（锁母），轮卡住收不回线而松线脱钩　要吸取经验，提高提竿的技术，熟练地掌握在提竿瞬间同时松开控制螺母，就可避免脱钩逃鱼。

（3）断线脱钩　常遇到的断线脱钩有两种情况：拴钩的脑线使用时间过长被磨损，钓线用久后老化或有伤痕，都经不住强拉力而断线。这要求在钓鱼前仔细检查，及时换线。

（4）鱼钩不锋利或倒刺残缺没有钩牢而脱钩　这种情况在水库水底有石块的水域垂钓更为突出，常常是海竿用的一组新炸弹钩，钓不到半天钩尖被石块磨秃，倒刺也拉损，钓者总以为是新钩而不仔细检查，直到多次脱钩跑鱼才发现。因此，在水底石块多的水域垂钓，一定要多带几组备钩，及时更换。在没有石块的水域垂钓，也要随身带一块小油石，及时磨钩，保持钓钩的锋利。

（5）钩小、线细遇到大鱼，因提竿太猛、用力太大，或钓到大鱼后遛鱼不当，断钩折线，使鱼脱钩逃走　前者要事先判断鱼情，估计水域有大鱼而换上大钩、粗线；后者注意提竿的技术，都可以预防脱钩逃鱼。

22. 如何遛鱼及其注意事项

遛鱼是在钓到大鱼时钓者充分利用竿、线的弹性，来消耗鱼的体力，这样可以达到不跑鱼的目的。提竿要使钓线始终带着劲，提竿后要迅速使竿梢呈弓状，这样鱼挣扎的力可分散在整个钓竿上，靠钓线、鱼竿柔韧的弹性，把鱼使出的劲化解。

（1）手竿遛鱼　手竿遛鱼要比海竿遛鱼难度大得多。手竿的钓线就是那么长的一段，既不能放，也不能收，只能在竿、线所及的范围内溜鱼。这就要求钓者要有熟练的遛鱼技巧，方法必须得当，才能既不跑鱼又不折竿。

当判定鱼已咬钩时，应及时提竿。首先用腕力使劲抖竿，使钩深刺鱼嘴，将鱼挂牢，然后及时提竿。如果提竿时感到很沉，判断鱼较大且一下提不到水面时，应把鱼竿仰起成70°左右，绷紧钓线，不要硬拉，先不遛它，只轻轻提拽钓一下。等大鱼动时，再趁机调整竿、线方向，过不了多久，鱼肯定要游动，起初多数是向前方深水逃窜，力量很大，往往折竿断线就发生在这个时候。正确的做法应当是在鱼逃窜时，迅速将竿偏向一侧，牵着鱼慢慢转弯。也可以抢先一步在鱼刚移动时就把竿先抻出去，钓线的速度快于鱼游速度，使鱼跟着线走，人牵着鱼游，然后再一点一点改变方向，来一个椭圆形转身，沿"∞"字形游动，这样就使鱼在不知不觉之中改变了方向左右来回兜圈子。要始终使竿保持弓形，以充分发挥其回弹性作用，切不可将竿子倒向鱼逃窜的方向，否则就会形成"拔河"的局面，造成断线跑鱼。

当鱼见到强光和人时会翻身向深处逃冲，一般要经过三个回合：第一次逃窜鱼用力还不是最猛烈的，第二次逃窜鱼的用力要比第一次大得多，第三次逃窜是鱼竭尽全身力气进行的，力量是最大的。钓者应充分利用自己竿、线、钩的最大承受力，充分发挥钓竿回弹力将鱼绷住，用力绷住的目的是不让鱼发力而轻松起动逃窜，而让大鱼满负荷起动，消耗其体力。如果这三个回合没有挣脱逃离，问题就不大了。

在整个牵遛过程中，鱼可能使出多种"招数"，企图逃走，钓手必须自始至终主动领鱼，不要与鱼形成"拔河"的局面，时刻坚持"鱼动人不动，鱼不动人动"的策略。不论大鱼向外逃窜，向岸边攻或是原地打转，或是跃出水面，或者左右冲刺，钓手都要顺势牵鱼，凭借钓竿的弹力，领着鱼游，走椭圆形或者"∞"字形路线，直到将其遛乏，完全失去抵抗力为止，再拉至岸边抄鱼。这时可用抄网，搭钩把鱼抄上来。特别要注意的是，自始至终，都不可用手拉线，手没有弹性，只要鱼稍微一跳动，就会断钩、断线。

5公斤以上的大鱼因体大身重，靠钓竿的提力是无法让其出水的，在其第一次翻肚后，要防止最后几次垂死挣扎的拼逃，钓者应继续靠钓竿将鱼绷住。待大鱼两次、三次翻肚无力游动时，再用大口径抄网捞上岸。

青鱼、草鱼力大，遛鱼的时间可稍长一些。大水库里的鱼比小水面的鱼劲大，夏秋季的鱼比冬春季的鱼劲大，同样大的鱼遛的时间长短不同，要做好思想准备。

（2）**海竿遛鱼** 海竿遛鱼，操作方便，跑鱼机会较少。垂钓前，要提前调好绕线轮拽力头的松紧度，在钓竿能随较大拉力的前提下，拽力开关可以略微拧紧一点，这样既可减慢放线的速度，又可消耗鱼的体力。但是不能使线绷得太慢，否则放不出去线，就会形成"拔河"局面，造成钩折、线断的后果。钓上大鱼时，要将竿子仰起成70°，保持弓形，增加弹性，以避免鱼拽脱头节。当鱼逃窜时，自动放线；鱼不拉线时，则摇轮收线。由于拽力头调得稍紧，鱼拉动钓线必然要费劲儿，消耗掉大量的体力。钓者将鱼控制在距岸边25米左右的距离，反复牵遛，鱼来则收，鱼走则放。这样经过几个回合之后，鱼的体力就会大减，在其无力的情况下，即可收线，拉鱼靠岸，在距岸六七米处，采用"∞"字形遛鱼法，即它向前游动，你领着它顺势向左右两侧转弯，鱼向左游，你就往前领；鱼向前游时，你向右领，迫使它左右转弯，竿梢的指向始终应与鱼游动的方向相反。当把它遛得筋疲力尽、毫无抵抗能力时，再拉向岸边抄起。

（3）**遛鱼的注意事项**

①避开水草、障碍物或不利地形。

②要自始至终绷紧鱼线，充分利用竿梢的弹性消耗鱼的体力，采用"∞"字形遛鱼法。

③不要用手提线拉鱼上岸。

④一定要有耐性，不要猛拉，不要急于收线，不要过早地提鱼出水。不到彻底制服鱼时，不把鱼拖到水面上来。

⑤使用抛砣法手操线遛鱼时，应戴上纱手套，以防手被钓线拉伤。

⑥遇上根本抬不起竿的大鱼，只能伸平钓竿，制造"拔河"之势，使之拉断钓线，保护钓竿。

23. 如何抄鱼

抄鱼，看起来似乎不难，但其中还是有不少学问的。首先要沉着镇静，不慌神。有些钓手钓到大鱼后，过分紧张，怕鱼跑掉，总想将鱼迅速提上岸来。这种做法结果是适得其反，当鱼的力量尚未耗尽时，它会在水下拼命顽抗，这时不能再惊扰它，要轻缓地与它周旋。钩牢的鱼只要钩线不断，一般是跑不了的，而强拉硬拽倒可能断钩断线。

抄鱼时一般要注意三点。

第一，鱼不遛乏不能抄。尤其是钓到比较大的鱼时，一定要将它遛得无力挣扎，伏在水面不动了再抄。钓手将它拖拽到跟前，将鱼头对准抄网口，顺势将抄网向前一伸，将鱼抄入网中。在遛鱼时，抄网不要先放在水里等鱼，以免惊吓了它，使它乱窜。抄鱼时要争取一次成功，不能提着抄网乱抄乱捅。

第二，游动中的鱼不能抄。上钩的鱼如果在水中还能自由的活动，说明它的力量还没耗尽，这时决不能拿着抄网追着它抄，因为人的反应跟不上鱼的游动，再说抄网在水中有很大的阻力，怎么也追不上鱼。所以必须将鱼遛乏，它不再游动时，才能下网抄。

第三，不能对着鱼尾巴抄。从鱼的后面抄，这在某种程度上说，无异于用抄网赶着鱼跑。所以抄鱼时，必须先从鱼的头部下抄网，因为鱼不能快速倒退，这样就可顺势抄进网中。

用组钩钓上来的鱼，抄鱼时最好是使鱼头从抄网口的中间进入，不要使鱼的头部碰上抄网，因为组钩的钩多，抄鱼时那些在鱼体外面的钩子，有可能挂在抄网上，使鱼不能入网，造成脱钩。使用串钩时，更要当心抄鱼时多余的钩挂住抄网。

最后还应该提到一点，就是将鱼抄进网子以后，不要马上将抄网提离水面，这时既有抄网的重量，更有鱼的重量，弄不好，抄网头或抄网柄会折断。正确的做法应该是先将抄网就着水面拖过来，使鱼不离水，而后用手握着网口的金属圈，将抄网提上岸。

24. 几种新型垂钓的方法

（1）扇形甩钩钓　在平水域从岸边的钓点，把钩甩向水域内以扇形排列。这种钓法主要以海竿和拉坠进行垂钓。

（2）近远远钓法　把鱼钩甩入水域内，使钩和鱼线一条比一条远，相互间的距离为 1～2 米。如果在急水域垂钓，短线宜在流水的下游。

（3）远近远钓法　把鱼钩甩到水域内，一远一近和稍远稍近。

（4）风羽钓法　这是用于甩钩钓上水浮鱼的一种别有情趣的钓法。钓具是一支长而柔软的手竿，用直径 0.30～0.35 毫米的尼龙胶丝线，线的长度要比竿略长一些，钩用中号短柄歪嘴钩或内倾钩，不用铜坠。用鹅毛或鸭毛扎成键形作为浮漂。浮漂在钩上约 1 米处，以便借风力把饵钩吹向远方，所以称它为"风羽钓法"。

采用风羽钓法首先要有风（小雨无妨碍），人在上风头向下顺风势抛钩，风吹羽毛把钩带向远处以免惊鱼；其次是衣着颜色力求与岸上景物相接近，环境要幽静，不能人声嘈杂。这样鱼就能接近并会立刻前来争食夺饵。如果钩落水面之后没有鱼来食饵，可拽回钓钩再顺风放出，时抛时放，反复几次，就能引鱼来争食。如果在流动水域，还可借水流送钩。一旦发现羽毛浮漂突然被拉入水中，手感有鱼有拽线时，应立即提竿。此法适用于钓撅嘴鲌、马口、红眼马郎及其他鲌鱼等上水中小型鱼类。饵料宜用蚂蚱、蟋蟀、昆虫、小虾等小动物，不用蚯蚓和面食，以免下沉。这种钓法不用喂窝。

（5）直钩拦阻钓鱼法　用一条干线横拦河流中，线上按一定距离拴钩挂饵。当鱼逆水上来摄食时，直钩受水流摆动而刺击鱼鳞，鱼为了除掉阻碍必将直钩吞入，经鳃部而排出。采用此法主要是江汉、溪流钓鲤鱼，同时也可兼获鲂鱼、鲫鱼等其他鱼类。

①钓具：取直径 1.5 毫米、长 30 ~ 50 毫米的钢丝，弯成近似"S"形慢弯，中间磨槽系线，脑线长 15 ~ 30 厘米。取香皂般大小的豆饼块中间钻孔拴线，脑线长约 5 厘米。然后每隔 50 厘米并拴一钩一饵在主干线上。干线长短和用钩多少要看水面的宽窄。干线要用 1.0 毫米以上尼龙胶线，脑线用 0.4 ~ 0.5 毫米尼龙胶丝或锦纶线都可以。

②钓法：选择溪流、河川、江汉入口，鲤鱼逆水上游的河段，将干线两端分别固定在两岸木桩或树上。如果水面太宽，也可一端用垂直坠稳定在水下。撒钩以后就可守钩待鱼了。用此法钓鱼，有两个特点，一是鱼一入钩就不易脱逃；二是豆饼块浸泡 24 小时也不会散碎。为此，不要见鱼就起钩，应定时（至少 6 小时）起钩一次。也可以划小船来收鱼而不用解干线。

（6）抛钩钓法　把 3 ~ 4 个鱼钩（较大的）各系上一根支线，在离鱼钩 6 ~ 8 厘米处，将支线系在一起，再与主线（80 牛顿拉力以上的粗尼龙线）相接，然后将接头处包上一块铅皮，卷成两头尖形状的坠子，将线绕在线板上即制成抛钩。垂钓时，将几个鱼钩分几个方向，背向嵌进钓饵内（钓饵用夹生马铃薯或夹生红薯、猪肝、猪肠、鸡鸭肠、粽子、年糕都可以），钩尖朝外。如果用鸡鸭肠做饵，要把多余部分在鱼钩以上系成一团。系好后，将主干线一头牢牢拴系在水边的竹子或树枝上，手握钓饵与坠子，边走边把线拉直，用力投进水中。

此法简单、安全、可靠，竹子和树枝都有弹性，大鱼吞食后很难逃脱，最适合在无法站人的水边采用；抛钩一般在夜间进行，特别是在春季的雨夜效果最好，在一些偏僻无干扰的水域白天也可采用。

（7）软钩钓鱼法　用 16 ~ 17 米长的尼龙丝（拉力约 99 牛［顿］）做鱼线，线上不用穿浮漂，一端拴一只无锡 411 鱼钩，另一端穿上一个重约 50 克的铅坠（圆台状，上小下大，坠底直径约 13 毫米，高约 30 毫米，坠顶半圆形，坠中间有一穿鱼线用的小孔）。穿入鱼线后，铅坠的半圆形顶端应朝向鱼钩，并在鱼线上离鱼钩约 17 厘米处打一个比铅坠中心孔径大的死结，以防止铅坠滑到鱼钩处影响鱼吃钓饵。此坠在鱼吞吃鱼饵时会被牵动，使垂钓者通过手感知道鱼在吞饵。

钓饵可用大蚯蚓、小鱼、鱼肠、牛肉、小青蛙等。钓饵穿好后，就可以抛入河中垂钓了。

此法不用鱼竿，也不用诱饵打窝，只需将铅坠同鱼钩抛入水中，手抓鱼线等鱼上钩就行了。此法不仅白天可以钓，晚上也可以钓。尤其是夏夜，一面在河边乘凉，一面提线引钩，别有一番情趣。

一旦鱼吞下钩子使劲拖时，钓者就要马上用力拉线提鱼，直到把鱼拖上岸为止。为保险起见，最好带上抄网，以便将拖到面前的鱼兜上来。

用此法钓上的鱼，一般都比较大，轻则几百克，重则几公斤。用小鱼做钓饵，可钓到鲇鱼、黑鱼、黄颡鱼、甲鱼等无鳞鱼；用大红蚯蚓做钓饵可钓到鲤鱼、鲫鱼等有鳞鱼。

25. 垂钓的注意事项

外出垂钓，钓者们总是力求提高上鱼率，以增加垂钓的乐趣。但是，由于种种原因结果难如人意。这里面有很多涉及心理问题，这些问题若不解决，将会大大影响垂钓效果，自己的心理也得不到平衡，有违有益身心健康的初衷。因此，钓者们应当对自己的垂钓心理做一个有益的调整。

（1）**不要举棋不定**　初到垂钓水域，往往先找钓点，在大水域要想一眼就看出哪个位置是好钓点很不容易，再有经验的钓者也不敢吹此牛皮，业余钓者就更不用提了。而钓点与上鱼率的关系极大，这样，你可能认为这里也不行，那里也不好，不知在哪里垂钓好。这种举棋不定的心态将使你无所适从，心情变坏。在选择钓点时，你只需按几个主要条件来选择即可。只要深浅合适，提竿没有妨碍，下钩没有阻碍，即可初选为钓点，尽快地打窝、下钩垂钓。

在垂钓一段时间后仍未见鱼咬钩，而其他钓者上鱼了。这时又会坐不住，想另换钓点试试，于是这里钓一下，那里钓一下，到头来还是钓不到鱼。要知道鱼是有一定活动规律的，刚下窝就想鱼来咬钩恐怕只能是一厢情愿，但是只要你坚持下去，是必有回报的。

（2）**不争抢鱼窝**　垂钓时，几位钓者各自选好钓点打窝下钩垂钓。开始时各自坚守岗位，但是当某钓者连连上鱼时，有人便心里发急，不征求钓者的意见，急不可待地凑过去"加塞"，把饵钩伸入别人窝子里，这是要不得的。这样会妨碍人家提竿，甚至弄得钩、线互相缠绕，影响双方垂钓。

（3）**不要一毛不拔**　外出垂钓时，每位钓者都有可能遇到某些估计不到的问题如缺饵、断钩、丢漂等，若旁边钓者有求于你，你应当无保留地帮助对方，使他能顺利地继续垂钓。切忌熟视无睹，一毛不拔。因为你在垂钓中也可能遇到这种情况，你也会请求别人帮助，这应当成为一种风气，使大家都能愉快地垂钓。

（4）**不要发声响**　鱼类的听觉器官十分灵敏，即使鱼在深水处，对非正常的杂声和振动也会惊而躲之。给钓鱼一个安静的环境，特别是在静水、浅水处垂钓，稍有声音就会惊跑鱼。对素以胆小机警著称的鲫鱼、鲤鱼来说，它们会跑得更快，故垂钓时切忌高谈阔论、大声喧哗和不必要的跑动，也不要将大团诱饵用手抛式打窝。

（5）**不要单枪匹马**　钓鱼尤其是海钓所选的水域多在偏僻处，人迹罕至，危险性较大。因此，在外出垂钓时切忌单枪匹马、单独行动。邀请1~2位钓友同行为好，一则在钓到大鱼时可以互相配合和协助；二则在钓具上可互通有无，取长补短；三则若遇意外情况可以相互照应，共渡难关。

（6）**不要强拉硬拽**　鱼上钩后，若是小鱼可直接提竿上岸，若是 500 克以上的大鱼，就不能强拉硬拽了，沉着，不急不慌，不紧不松，使大鱼筋疲力尽后擒之。钓到大鱼后，要尽快将其牵引离开窝点，而不是在原地遛鱼，以免惊散了进窝的鱼群。若是强拉硬拽，一则易于钩折、线断，会落得竹篮打水一场空；二则大鱼在窝点处脱逃后，会搅乱水底窝点处鱼群，鱼群就会四散而去。

（二）海钓经

1. 特点

（1）**准备工作简单**　海钓基本上不打窝子，也不用准备诱饵。海鱼多是肉食性鱼类，基本上不用素饵。另外，海钓的钓竿主要是海竿，很少用手竿。由此可见，海钓的准备工作较淡水钓简单。

（2）**鱼的种类多**　海洋宽阔无边，海洋中的鱼类也非常多，种类和数量较淡水鱼类多得多。我国海洋鱼类有 1 000 多种，常见的有几十种，因此，海钓能钓到很多不同种类的鱼。

（3）**危险性较大**　海中无风三尺浪，水深浪大，采用岩礁钓、堤坝钓、船钓等钓法，要特别注意安全，特别是在钓到大鱼时，一定要把握好，避免人掉入水中。

2. 海钓的渔具

竿：海钓需用装有绕线轮的各种钓竿，常用酚醛玻璃钢竿或碳素竿，多是内藏式多节海竿。

线：轮盘绕线 60～150 米，称为母线。坠子下的线为脑线，通常细于母线，长约 1 米。线的粗细应根据欲钓鱼种而确定。

钩：一般拴有 1～3 个鱼钩。钩的大小因鱼而定。例如钓鳗鱼，则需大钩粗线，脑线应用不锈钢的细钢线，以防利齿咬断。

3. 海钓的钓位和时间

海钓一般分舟钓和岸钓两种。舟钓又分为行驶中垂钓和定点钓。行驶中垂钓多用延线钓法；定点舟钓和岸钓相同。

岸钓选位应选在码头和礁石岸边。因礁石长满海蛎和其他海生物，吸引着鱼来此觅食。礁石附近和船缝之间，浮游的幼鱼较多，一般在距水面 1～1.5 米深处，常有鲈鱼和石斑鱼来猎捕活食，有时甚至跃出水面追捕幼鱼。

岸钓时间一般在涨潮时，因为涨潮使大片地面被潮水淹没，原来丢弃在沙滩上的食物会吸引鱼前来争食。

4. 海钓与水情

（1）海流　海流是海洋中海水沿着一定方向的大规模流动。我国近海的海流有外海流系和沿岸流系两大类。外海流系由中国台湾暖流、对马暖流、黄海暖流等组成，它们给海区带来高温、高盐的海水；沿岸流系主要有渤海沿岸流、黄海沿岸流、东海沿岸流等，它们给海区带来低温、低盐的海水。

海流是形成渔场最主要的海洋条件之一。不同海流的海水，温度、盐度、水色、透明度、化学成分、饵料生物都不相同，因此，随海流活动的鱼类也不相同。暖流可将暖水性鱼类带到高纬度海域，而寒流可将冷水性鱼类带至低纬度海域，寒流和暖流交汇处，则是各种鱼类汇集的场所。世界上有名的渔场都在寒流和暖流的交汇处，这样的地方也是好的钓场。

（2）潮汐　潮汐是由于太阳和月亮的引力而产生的海水周期性涨落的现象。潮汐除垂直方向的涨落外，还具水平流动（潮流）。它将影响到鱼类等水生动物的栖息、洄游、集群和分布，这与饵料生物的分布和流水刺激等因素有关。鱼类活动多随潮汐的规律变化而变化，涨潮时趋附于近岸边，退潮时随水而去。在潮水停止涨落的那段时间内，海水相对平静，鱼类的摄食行为大多停止，也就难以垂钓，而在刚开始涨潮及刚开始退潮的几十分钟时间内，鱼类的食欲特别旺盛，最易于垂钓。

（3）水温　水温的变化对鱼类的生理活动影响甚大。就垂钓而言，水温对上钩率的影响是第一位的。一般来说，鱼类的摄食能力随水温升高而增强。

各种鱼类适应水温的能力不同，习惯上将鱼类分为三种适温类型：冷水性鱼类，适温范围为 0～20℃，如绵鳚、鳕鱼等；温水性鱼类，适温范围为 4～30℃，如真鲷、黑鲷、鲇鱼、带鱼、大黄鱼、小黄鱼等；热带鱼类，水温降至 6℃ 以下时便难以存活，如黄笛鲷、三线矶鲈等。由于水温对鱼类的觅食行为影响甚大，故在选择垂钓时机时要充分考虑到这一点。

（4）水色　水色受浮游生物、藻类的影响较大，水过清或过浑都难钓到鱼。若水色发灰、发红、发黑，水中泡沫多，表明水中缺氧，水质恶劣，鱼类难以生存。

5. 海钓方法

（1）钓饵　海鱼食性较杂，故钓饵可荤可素。钓饵以海虫（沙蚕、青蚕、红蚕等）、海虾、牡蛎肉、幼鱼为佳；素饵可用玉米面蒸成窝头后捏制装钩，也可用虾油拌面粉配制。

注意：装钩时饵料要把鱼钩全包住，不要裸露。

（2）掌握好提竿时机　选好钓点便可以抛钩了。如果在海岸垂钓，可利用铅坠的重量用力抛出鱼钩（可抛 40 米左右）；如果是在码头或船上钓鱼，抛出的距离可近一些。铅坠入水后，利用绕线轮将风线拉紧。海鱼咬钩的力量较大，提竿的时机可看竿尖的摆动大小，也可听警铃的响声而定。

提竿动作和淡水钓鱼一样，要用腕力提竿，然后遛鱼、出水、抄鱼。

如果钓鲈鱼、石斑鱼，一般放线入水深 1 米左右，使活饵能在水中游动。鲈鱼咬钩的力量很凶，所以钓鲈鱼时，竿必须握在手中，防止钓竿被鱼拉跑。但对其他海鱼则不宜提竿过早，以免鱼咬钩不牢而逃脱。

（三）钓鱼小经验三则

（1）细雨阴天、夏天清晨、傍晚和雨过天晴时下钩，鱼最易上钩。

（2）在池塘、湖泊、河岸边的草丛中、树荫、岩石等荫蔽处和人稀僻静处，鱼最易上钩。

（3）在浪花、水泡冒出和水略浑浊的地方，1~2天后隐现出岸石、水草的地方下钩，鱼也容易上钩。

（四）钓鱼冠军谈钓鱼比赛经验

我家住在河北省沱溏河南岸，出门就是水，很小就喜欢打鱼摸虾，有时也钓鱼。那时是用老太太做活用的针在煤油灯上烧一个弯，也没有倒刺，而且是悬钩钓鱼。1984年我离休后，参加了河南省钓鱼协会的第一届钓鱼比赛，接着郑州铁路局成立了钓鱼协会。我就转向了垂钓。3年来见谁钓的好我就向他学习，听说谁有经验我就登门求教并记到小本上，登门拜访不下10余人。他们给了我很多切实可行的经验。《中国钓鱼》杂志1~9期我都有，听说有钓鱼书我就买，江苏、安徽、云南等省出的钓鱼书我买到4本，这些书我不是看一遍两遍，有些章节我看四五遍。我把书放在床头上，如明天去钓鲫鱼，今天晚上就看钓鲫鱼的经验，如明天要去钓鲤鱼就看钓鲤鱼的章节，回来后就总结经验教训并做日记。就这样按别人和书本的理论自己去实践，实践回来加以总结又上升到理论。3年来我有了些体会，所以2005年第二届全国钓鱼比赛，我在冶口水库垂钓成绩较好。

1989年第2期《中国钓鱼》刊出了第二届钓鱼比赛规程，比赛规程第二项规定撒窝不用手投只准用工具撒窝，而且只准打一次，中间不准投诱饵。手投惯了可以投到比竿远数米的地方，工具撒到比竿远几米的窝就困难了。我反复思索，和钓友研究，还是《中国钓鱼》总第 2 期上时炯同志写的《齐竿线窝子罐荡涤法》启发了我。我用一个乳胶瓶子剪去底下 1/4，从盖下钻一个小眼把线穿过，在一块比瓶底稍大的白铁皮中间钉一个小眼，然后用盖上穿下来的线拴上，这样装进诱饵后，线一上提就可把诱饵兜起来，我拴了 4 米长的线用一副 6.5 米长的较硬的竹钓竿就可以把窝子打到 8～9 米远的地方。9 月 5 日在冶口水库比赛时，我就用这工具撒窝，诱饵还是自己带去的大米、小米和麦麸，大米占 15%、小米 30%、麦麸 50% 以上。撒窝前加白酒用水调和好，每 500 克锈饵加 300 克白酒。我的钓位是 10 号，在大坝中间，每人 7 米的间距。大坝是梯形的，越往下越深，拔竿试水深，水离岸 5 米就深 2.5 米。钓深水我不习惯，所以原本不想钓深水，可是那一天参赛人多，加上堤上人来人往和车辆不断，我估计鱼不会到边上来，因此我又往前试到 9 米远地方，水深 3.5 米，我找好前方目标就在 8 米远的地方投放诱饵。两三分钟我就把两个诱饵撒到窝里了。虽然撒得不太准，面积大了些，却正好适应那天的西北风，甩出去的钩不准，左点右点，只要靠近窝子就出鱼。这天我准备了 3 种钓饵：蚯蚓、面食和雌螯。开始我用蚯蚓，不到 20 分钟就钓到一条 400 克重的鲳鱼。接连不断的平均十几分钟就钓出一条，都是 300～500 克的。两小时后我们队的教练亲自指导提竿。水库有 2.5～3 公斤重的草鱼和鲤鱼，我打算换雌螯钓，但教练说蚯蚓很好就不要换了。我一直用蚯蚓钓到结束。一两百观众观阵也给我增添了力量，我的心情高兴又紧张。比赛结束，我钓了 22 条鱼，共重 7 525 克。平均 16 分钟钓 1 条，取得了淡水钓鱼第一名。有的同志说我有秘密武器，确实没有，不过就是诱饵搞得香一点。撒得多一些，面积大一些，窝子尽可能地撒到鱼路上，我就是这样去做的。为了适应第二届的钓鱼比赛，5 月份我就买了海竿，凡是在水库钓鱼我常带上手竿、海竿，练习投远投准。威海比赛我们提前在青岛、威海学练了四五天，我们代表队的同志互相纠正和鼓励，所以在投远投准比赛中，我在 60 岁以上那一组中取得了第一名的成绩。

五、垂钓秘术

（一）钓大鳞鱼妙法

以穿山甲舌头捣烂拌米饭和麻油，制成丸，如黄豆大小，因大鳞鱼最爱吃而很容易钓中。

（二）蒜粉饵料钓鱼法

大蒜粉拌饵料对鲫鱼、鲤鱼等很容易上钩，大蒜散发的强烈气味能刺激鱼类嗅觉，达到诱引目的。

（三）药功钓鱼法

1. 药方

公丁、母丁、甘松、小茶、细辛、辛夷、独活、冰片、乳香、牙皂、大茴香、小茴香、川芎各 15 克，巴豆 8 克，麝香 0.5 克，将上述 15 种药买齐为 1 付，晒干研磨成粉，装瓶备用。1 付药可用 10 ~ 15 次。

2. 具体用法

取细米糠 250 克，炒至半熟，加菜籽饼粉 150 克和 1 付药粉的 1/10 混合，用大粪水搅拌，拌得半干不湿。然后以此为诱饵投入下钩处水面，投的面积不宜过大，数量不要过多，一般在投饵料 15 分钟后即有鱼来。此时要保持周围环境恬静，以免惊吓鱼群。钓钩上的钓饵一般用粪蛆，也可以用蚯蚓，如果用红蚯蚓烤干后用芝麻、面粉拌上效果更佳。下钓季节应在春分后至立冬前，时间以夜晚为佳，因鱼有借光窥人的本领，所以晚上比白天效果更好。要获得钓鱼较好的效果，一要药方配齐，二要掌握季节、时间，具备上述两点，可说十拿九稳。

若缺麝香，可用15克香精代替，效果稍差一些，但价格便宜。缺菜籽饼的地方，可用黄豆炒至半熟磨成粉代替。

（四）百发百中钓鱼法

将中药阿魏研末，拌蚯蚓当鱼饵，鱼闻味即争相抢食，此法无不上钩，百发百中。

（五）钓鱼良法

将狗肠子50克，晒成半干时，滴2滴八角油，混合均匀后，切条做饵料，挂钩垂钓，效果优良。

（六）钓鱼妙法

将蚯蚓烘干研成细粉，加等份芝麻粉或粪蛆粉，做饵料钓鱼，效果特妙。

（七）钓鱼高招

人胎盘一具，焙焦研末，加羊骨头粉适量，用羊油调成小丸作钓饵，效果甚佳。

（八）特效钓鱼秘术1~2

（1）丁香油混合蚯蚓是个新方法，长期以来，在许多江河、池塘使用这种新方法钓鱼，无论钓塘鲤鱼，或其他鱼类，都获得成功。用这种新方法钓鱼，鱼类上钩率达95%以上，比单纯使用蚯蚓作饵料的钓法提高6~8倍以上。即使在塘、河边放100支钓竿时，有90~95支钓竿可以钓上鱼来。用此法钓鲐鱼（塘鲤鱼）时，更会频频上钩，钓其他鱼类也会收到很好的效果，是极好的钓鱼秘术。若是鱼类大量活动觅食的时候，或在捕捉的季节里，采用此方法钓鱼，效果更加理想。

丁香油混合蚯蚓的配方是，鲜蚯蚓250克（切成4~5厘米长），丁香油10克（如150克鲜蚯蚓，则用丁香油5克）。

用法：在放钩前将蚯蚓与丁香油混合拌匀，用250克蚯蚓与10克丁香油混合一般可以钓100支钩，应在垂钓之前不久进行配药。不要把丁香油和蚯蚓混放时间过长，尤其不能隔夜，应随拌随用随钓。如果时间过长，丁香油挥发会影响钓鱼效果。丁香油与鲜蚯蚓混合后随即钩在钩口上，放入江河或池塘中开始钓鱼。当鱼闻到丁香油味时，便迅速赶集到钓竿处寻食，鱼就会频频上钩。

此种方法易行，而且经济效益高。

（2）中药阿魏50克研末拌面粉50克，做成小丸，挂于钩上作诱饵，鱼闻味即劫食上钩。

六、诱捕秘术

（一）醉鱼秘术1~8

秘术一

野八角30%，黄花菜15%，除虫菊（蚊香可代替）10%，巴豆（飞燕草可代替）10%，薄荷10%，闹羊花15%，将上药晒干碾末即成成品，一定要密封，否则会失效，使用时药粉15克拌土1公斤均匀撒于1~2亩约一米深的水面，约半小时各种鱼即浮出水面，约2小时后药力消失鱼自醒。

秘术二

（1）原料 野八角

（2）制法 将谷子500克煮成半熟（即谷粒胀开），取出后用凉水冲滤。然后拌1公斤野八角，用松毛柴烧火再煮，边煮边拌半小时，然后加100克白糖，拌匀后灭火、晾干，用塑料袋装好，封存一夜备用。

（3）用法 将加工好的谷粒与牛粪做成小丸，投放入平静水中（水流不能太急），一条1公斤重的鱼只需食2~3粒即醉昏浮出水面，投药后2~4小时是鱼上浮的高潮。此法只宜春秋季节使用，较大的水面应先投两天诱饵，然后再投药。谷粒的加工方法：水开后加生谷粒100克煮半小时再将牛粪投入水中拌匀即可。

秘术三

（1）用安眠丸（也叫冬眠灵、巴比妥、速可眠、安眠酮，西药店有售）15~20粒。

（2）八角（大茴香）100克打碎，加水200～250克，浸泡5分钟后去渣，放入安眠丸使之溶化为水。也可研成微尘粉，加水搅匀。

（3）加入浸过炒过的大米或麦粒1公斤，吸尽药液为止，晒干备用，密封保存。

（4）用此法鱼吃下药米20～40分钟即昏倒，浮起。

秘术四

（1）**醉鱼药物配方**　大米（或麦粒）1公斤，虎头牌蚊香2盒，桂林三花酒（或其他白酒）150克，牛油（或猪油）200克。

（2）**配制方法**　①将大米或麦粒用锅慢火炒香（以炒至黄色味香为度，勿炒黑）。②将虎头牌蚊香研成粉末，与白酒加入热炒的米中拌匀，盖上锅盖，要求盖得严密不漏气，最好用搪瓷脸盆盖住，慢火加热10分钟。等炒米将酒气味全吸入，揭开盖子（煮时需用文火，不能把米烧焦黑）。③加入牛油或猪油（从市场买回的牛油或猪油应先煎成乳体油）拌匀，慢火焙干，铲起，装进塑料袋里，扎好袋口，密封待用。上药不能接触盐类，不能有咸味。

（3）**施用方法**　可事先把鱼群诱到选择好的要施药之水域中，诱饵可用猪粪、牛粪或腥香之物，如鸡鸭内脏等，或取细米糠250克炒至半熟有香味加少许香精或粥、饭等均可。总之，诱饵种类很多，可就地取材。诱饵投入要施药于水底，不久就会有鱼来，可引诱1～3次使鱼习惯，以后一投饵鱼就来。投饵面积不宜太大，见到有鱼来了（或是有泡出现，证明有鱼，有大泡则是大鱼），可把配制好的醉鱼药撒施下去，鱼群争相会吃下醉鱼药。过3小时，凡吃了药的鱼，不管在深水浅水都会醉昏昏地浮出水面，游近河边，甚至有的冲到河岸，任人捕捉。捕捞时需带手捞工具（在施药前一次投的诱饵不宜过多，最好是腥臭的液体类如粪水等。以免鱼吃饱了肚子，不吃药了）。如果不采取把鱼诱上来的办法，就要选择好地点，把醉鱼药放在有鱼的水底下，就是说施药要选好鱼群的位置。施放面积不宜过大，本剂药一般用于30平方米的范围，若要施放几处，面积大，可根据配方增加剂量。

（4）注意事项 ①醉鱼药不宜用在泥底的河流里，因为药撒下去会沉没在河底的泥浆里，鱼吃不到。在河底有石头的河流中施用较适宜。②也不宜在急流里施用，因为水太急会把药物冲散，影响效率。应选择在回水湾、回水涡等缓流水中施用。③在较深的江河里施用，如发现醉捕效果下降时，可到药店或医院购买西药片：眠尔通或安眠酮10片，或羊地黄10片，或狄戈辛10片，或鲁米那15片（买任何一种即可），研成粉末，在配药时与虎头牌蚊香一起加入上述药片为麻醉药，只限于醉鱼使用。捕得的鱼，为确保人体健康，要除去鱼肠，方可食用。

（5）说明 ①此醉鱼术适用于死水活鱼（水库、塘、潭、湖、江河等）。②在禁止捕鱼的水域，不准乱用。否则，后果自负。

秘术五

（1）茶麸25～50公斤，打碎（要质量好的，霉变的不能用）。茶麸在产油茶的地方很多，由茶籽榨油后的剩渣压成。如圆饼形，有0.3米宽、1.6厘米厚，南方各地日用杂货店、农用物资店都有卖，很便宜。现各地都碾成粉，叫做茶麸粉，用尼龙袋包装出售。

（2）配制方法 用锅将茶麸加水煮至烂熟后连水带渣盛入桶里，即可挑到河沟里施用。

（3）施用方法 先将河沟水堵塞住，使水断流。在堵塞处的下方把药汁搓撒在水中，在撒药处以下的河沟里，无论哪种鱼"闻"到药味后，就会昏头昏脑，浮出水面游到河边，有的会顺河而下。下边应事先装拦好"关"鱼的鱼笼，当见到鱼浮出水面游到河畔边时，即可用手捞工具将鱼捕捞。注意：如果河水堵塞处溢满水，河水流来了，被醉着的鱼便会清醒过来而不易捕捞。所以，一旦发现鱼被麻醉，应迅速捕捞，赶在水来之前，把鱼捞起来。为使断水时间长些，以利捕捞，可在堵塞河水时，筑起几道坝（上一道坝与下一道坝之间要有一定的距离，使每道坝要能堵住一定的水量，存水量越大越好。坝料可自选，如用河里的石头垒起，需断水时，用塑料薄膜装泥块堵住就行），断水时间的长短由筑坝的多少来控制，需捕捞时间长的，就多筑几道坝。

此秘术适用于小河、沟渠、小溪等。所以配方的用量是为适用小型的河沟而言，它不是固定不变的。各地可根据所捕捞范围的大小，灵活增减为宜。

秘术六

（1）配方　灶灰（草木灰）2.5～5公斤，花边灯盏草（草药，又名盆上芫茜、过路蜈蚣、小叶金钱草，取鲜品）2.5～5公斤。花边灯盏草是多年生伏地草木，茎纤弱，节上生根，叶互生，圆形或近肾形，直径6～15毫米，边缘5～7浅裂，并有锯齿、花小、白色，果扁圆形，生于村前屋后、田间、排水沟边等处，可自行采集。

（2）配制方法　把草木灰炒热，趁热与花边灯盏草一并捣烂即成。

（3）使用方法与醉鱼秘术之3相同

秘术七

（1）配方　辣椒（要味最辣的）2.5～5公斤，辣蓼（又名水蓼、湘蓼、白辣蓼）2.5公斤。配方中的辣椒可自种备用，市场也有卖。辣蓼草可自采，它高约半米，多分枝，节部膨大，茎红色或青绿色。叶互生，披针形，长5～7厘米，上面中脉两旁常有人字形黑纹，搓之有辣味。喜生于湿地、河边沟边、路旁。全国各地均有分布。如找不到，不要辣蓼也行，适当增加辣椒用量即可。

（2）配制方法　将上述药一同捣烂混匀即可。

（3）使用方法与醉鱼秘术 3 相同

秘术八

用青壳鸭蛋 5 个放入大粪池内浸泡 7 天，羊肉 150 克、麦面 250 克，加入中药闹羊花、野八角各 10 克，捣烂成泥状，加入羊油调匀涂在脚上，然后站在水中，鱼闻味即附脚而食，醉而自浮。

切记：以上八种捕鱼秘术，在不准捕鱼的水域中，禁止使用。

（二）水中光亮捕鱼法

将一节电池用小灯泡与导线接好电源，或用 10 多只萤火虫，装入玻璃瓶内或塑料袋内，将口封闭不让进水，然后放入有倒刺的鱼笼内。晚上将鱼笼沉入水底，鱼儿见光便进其笼，捕鱼即见效。

用此光亮法可把鱼诱在一起，再用其他方法捕获。

（三）化学捕鱼法

在农药门市部购买"鱼藤精"，或在化工商店买一些电石将其砸成红枣大小的粒状，直接在水中撒投。鱼受到这种化学药品的刺激后即昏浮水面。

（四）米糠、麦麸诱鱼法

米糠、麦麸或其他饵料炒香，用塑料袋装好扎上口，在袋的四周开一个小孔，放入网上或鱼笼内。然后投入有鱼的水域里，隔一段时间捕捞一次。饵料香味散失后，再更换新饵料。

（五）用笼诱鱼法

羊骨碎末 100 克炒香，香兰素少量用开水溶化，生粉 10 克加水调糊状，与羊骨碎末、香兰素混合后，用帐篷布包成球形，放入有须的笼中再投入深水处即可。

（六）诱鱼入笼秘术 1~2

秘术一

（1）鱼笼的制作　①整体形状，鱼笼为正方形，长宽各为 1 米，高为 0.5 米，笼子骨架用木方制作，四周钉以木条或竹片（要留进鱼口位置）。②进鱼口的制作，选长宽各为 35 厘米的木板四块，在木板中央开一个圆孔，直径为 21 厘米，再将进口木板固定在笼子四周中间的骨架上（四周每面正中镶定两根木条），以固定进鱼口。③倒刺：用竹条制成与进鱼口大小相等的喇叭形倒刺或用光滑的布料制成长为 24 厘米的喇叭形布筒，安在进鱼口处。④笼子面板另做一小于骨架的方框，用活页固定在整体骨架上，面板、底板均钉上木条。

（2）药料准备　①阿魏、丁香、山奈、甘松、桂皮、甘草各 2 克研末装瓶备用。②菜籽饼、麦麸或芝麻饼等食饵各 500 克。

（3）使用方法　①将食饵用文火微炒，以发香为度，并将药末拌入，用纱布包好，固定在笼子正中（笼口食饵以 250 克为宜）。②将笼子放入水中，白天晚上均可，水深 1.5 米处，让它沉入水底，水深 1.5 米以上，笼子可固定在离水面约 30 厘米的水中。

（4）有关说明　①诱捕时间以春分至处暑为好；如食饵香味消失后，就不能再用了。鱼笼上面要系一浮子；以作标志。②

每人可同时操作 1～20 个，在大水面上作业，还可以增加一些。③要想某项技术成为自己的致富本领；光懂得它是不行的，还要进行实践，直到能熟练地运用它为止，本项技术也是如此。

秘术二

在大量的致富门路中，要算本秘术效果最好。因其成本低，见效快，效益高。本方适用于任何鱼类，在小溪、江河、水库、鱼池、水塘应用均效益显著，而且不受时间和天气（冬天太冷不太好）等条件的限制。药物放进鱼笼里沉下水面 1.5 米深处，直径 100 米以内的鱼就会受到一种奇特的吸引力而自动钻进能入而不能出的鱼笼里。人不用下水也可以捕到大量的鱼。但绝对不能用本方盗捕别人的鱼塘里养殖的鱼，否则后果自负。

配方：阿魏 1 克、甘杏仁 1 克、八角 2 克、小茴香 2 克、花生仁 25 克、食母生 3 片。阿魏和八角是主药。除阿魏用生外，其他 4 种药均要分别炒熟，研粉。并应分别存放，待使用时必须加正宗蜂蜜 2 克、生蚯蚓 6～10 克，以助药力发挥。买甘杏仁时，不要买苦杏仁，区别是甘杏仁香甜，而苦杏仁味苦。

本方药物各地药材公司可以买到，一些药物也可随地采得。本方药物在不需要用时，绝对不可混合，待使用时才可混合，一旦混合就要用掉，否则无效。药物必须是正品，代替品效果减弱。上述一剂药，可分装 4 只鱼笼同时诱捕。使用方法如下。

（1）将炒香的米糠或麦麸与上述药物混合后，用布包扎好放进鱼笼（鱼笼必须是"入得而出不得"的鱼笼，即有倒须刺的鱼笼），根据风向与水流等情况把鱼笼放进水里。

（2）把正方中的全部药物溶解于水，然后投入火砖以吸收溶液，再阴干一次，处理后的火砖放进鱼笼即可捕鱼。

把药物放进鱼笼里面后，将鱼笼放入距水面 0.3 米深处即可（水温度低可深点）。鱼笼放在上风处（即南风放南岸边，东风放东岸边）。如是急流，就把鱼笼放于急流的转弯处，即稳水区。

鱼笼放入水下，待 15 ~ 20 分钟即可取起，这时鱼笼里面很可能装满了各种鱼（在该水域中有鱼的情况下），也可以换第二次药后再换一个地方。

上述是唐朝唐太宗之父李渊的第 27 世孙李博转让的。他家已使用了 260 多年了，有特效。据说他曾收了 3 万元的转让费，并言如不守法偷鱼者，一律不转让，付 10 万元也不同意，非要一个证明或保证书。请君莫乱用于非法捕鱼。

（七）诱集群鱼秘术 1~2

（1）玻璃瓶中放萤火虫十几只，晚上投入水底，鱼见萤光便四处游来抢食，这时集中用网捕之。

（2）将红砖烧热后放进大粪池里泡一会儿，取出，用绳子系好装进塑料袋里备用。钓鱼时，首先将砖头抛进下钩处，周围的鱼群便闻味而来（钓钩仍需挂诱饵）。

（八）几种常用的捕鱼法

鱼类的主要生长期为 7~9 月，10 月后生长缓慢，10 月中旬后由于水温逐渐下降，鱼类近乎停止生长，这时便可开始捕捞。主要的捕捞工具有渔箔、地曳网、丝网及竹箔夹网等。

1. 渔箔

俗称迷魂阵，采用聚乙烯网片或竹篾、芦苇等编成一条条箔帘，布设成各种迂回曲折的形状，将鱼类诱入取鱼部位而捕获。目前使用最广泛的是聚乙烯网渔箔，网目 4 厘米。导网长度为数十米至数百米不等，视围区大小而异。渔箔一次布设后，可生产数月，初捕时产量较高，但随着水温下降，鱼类行动缓慢，捕捞效果日趋降低。

2. 地曳网

俗称大拉网、拉网，是江河、湖泊、池塘、水库及鱼塘的常见捕捞工具，主要材料是聚乙烯或维尼纶线，少数为锦纶线，网目4~6厘米，网衣两翼低，中间取鱼部位高，网长为围栏设施宽度的1.5倍。网高为围区水深的3~4倍，部分地曳网在网具中央装有取鱼部或存鱼网箱，以聚拦鱼类。少数地曳网在网具下纲部分装有大量小网袋，类似罟网（又称百袋网），捕捞底层鱼类，效果好，但操作繁杂。由于在围区拖曳困难，船上都临时装有木制绞车以收绞曳纲而使网具收拔。网捕覆盖点大多设有安置网箱以聚集渔获物。使用维尼纶网线的地曳网起捕率较高，但劳动强度很大。

3. 丝网

即锦纶棕丝刺网。该渔具捕捞对象广泛，操作简便，结构简单。捕捞鲫、鲤鱼效果好。除单独使用外，主要用于与渔簖相配合，拦截鱼道，迫使鱼类上网或进入渔簖。

4. 竹箔夹网，俗称"打围箔"

其捕鱼原理是以竹帘将捕捞区分片捕捞，并驱集鱼类，逐步缩小包围圈将鱼捕出。这种捕渔法所用船只自十几只到数十只不等，起捕率高，上层鱼类可达90%，底层鱼80%以上。该捕鱼法作为单一圈养的成本过高，劳动强度大，作业艰苦，但可以作为共同性的临时组合作业方式而用于圈养区捕捞。

（九）夜间灯光诱捕鱼的方法

根据鱼类早晚觅食，深夜栖息在石头缝和水潭底等特点，分析了人在暗处可见亮处目标的道理和大多数鱼具有趋光性，可将这些原理应用于捕鱼。首先在水漂中布好鱼网，深夜用"手电筒"连接电线和灯泡，然后把诱饵投入深潭中，打开开关，灯泡就像一颗明珠在水中发光，使得歇息的鱼很快聚集在灯泡周围。待鱼聚集到一定数量时，突然拉网，鱼即被围捕。

（十）诱捕鱼奇法

用香兰素 0.6 克，阿魏 0.8 克，安眠宁 2 片，以开水溶化后加狗屎、生糠、生粉（淀粉）各 100 克混合调成糊状，用蚊帐布包好放入有倒须笼的中央，笼用绳捆好，投入河、塘、湖、潭较深处，隔 1 小时就会有鱼进去，能捞获不少鱼。晚上作业较好。

（十一）捕鱼绝招

用成年人尿浸鸡蛋数个，40 天后将蛋打烂，用棉花吸进臭液，用布包好投放在有鱼的水中或流水江河的上方。鱼闻到此蛋味后就围在布包四周，这时集中捕捞，效果极佳，可谓绝招。

（十二）鱼笼捕鱼法

鱼笼用竹制，大小以所捕鱼类而定。规格为长形、圆形、方形均可，每个鱼笼有进口一个，也可以做两个，进口直径 19 ~ 23 厘米，笼身直径 0.3 米，入口处套上倒须，使鱼能进不能出。每次每个鱼笼下水前先放好诱鱼饵料，按所捕鱼种类而定，欲捕鲤、鲫、罗非、鳗鱼等，可用蚯蚓、蝇蛆、菜籽饼拌红糖、熟地瓜（红薯）等。捕青鱼用河蚌，捕草鱼可用鲜嫩的青草或黑麦草等。捕捞鲤鱼、鲫鱼等最好合并用上述几种饵料配齐。饵料放好后，在鱼笼底部绑沉石，上端用塑料绳套牢。绳子长度以沉水深浅而定，是水深的 1 ~ 2 倍，绳的末端系上塑料浮漂，作为标记，捕捞时用船把若干个放好诱饵的鱼笼运至捕鱼地点，可以单一投放，也可放数十个、上百个，每天收放 1 ~ 2 次。注意诱饵是否充足，如在池塘、水库中捕捞，在投放鱼笼的地点投撒些上述饵料，以便诱鱼集中，再投放鱼笼，效果更佳。

如果按 100 个笼计算，只需两人操作每天至少能捕 25 公斤或更多的鱼。当然，捕鱼多少取决于塘鱼的数量，淡季和旺季等因素。使用这种方法投资少，见效快，效率高。为保护资源，最好把小鱼放回水中。

（十三）捕无鳞鱼的方法

用羊骨 100 克碾碎成粉，炒香，加入香兰素、阿魏各 0.2 克，加开水溶化并加生粉 25 克煮成糊，三种原料混合，用蚊帐布包好呈球形，放进有倒须的笼里，投入池塘中等水深的地方，鱼闻到香味便会入笼。

香兰素，化工门市部有售；阿魏，中药店有售。

（十四）用鱼引鱼法

在鲤鱼产卵季节，设法捕条无伤而怀孵即产的大肚雌鲤鱼，用牢固的线扎住鱼背尾部第一根硬刺基部，把线另一头系在水中草上或水中设横竿。水面放些水草把线系竿上，线长约 1 米，这样雄鲤鱼会被成群结队引诱过来，聚在雌鲤鱼周围，用三角网向水中伸下去，网至雌鲤鱼下边时把鱼提上来，可获雄鱼，此法在有水草处旁边最好，提网时雌鱼也应在网中，可多处设点，半小时轮流捕一次，收获相当可观。

（十五）油性原料特效捕鱼法

1. 原料配方
大米（粳米亦可）1 000 克，香油（芝麻油或花生油）250 克，白酒 400 克，蚊香 1 盘（单卷）20 克，牛粪（干品）2 500 克。

2. 配制方法

（1）将大米炒香、炒黄为止，不可炒黑了，用白酒浸泡，一直泡到白酒消失，大米膨胀，一捏即碎为止。一般泡 2 ~ 3 小时即可，泡时要盖上盖子，不让酒气漏掉。

（2）将蚊香碾碎成粉。

（3）用泡好的大米与香油、蚊香、牛粪调匀，做成团饼，每个 250 克。团饼可晒一下，待外壳干硬后便可用来捕鱼。

3. 捕鱼方法

将原料靠岸边选择水深处丢一块，以此块为圆心，在其周围 2 米远处撒一个半圆圈，使圆圈围住水面约 6 平方米。可使 667 平方米（1 亩）面积的鱼诱引到岸边，鱼只需吃上一口就马上浮出水面，在 2 小时内不会苏醒。

冬季用此法只能在早上 4 ~ 8 时捕捞，其余时间效果不佳。

（十六）流水滩上捕鱼法

1. 原料配方（以 1 亩水面计算）

川乌 100 克，草乌 150 克，马前籽 125 克，酒精 420 毫升，麦麸 1 500 克。

2. 原料配制

川乌、草乌、马前籽碾成细粉，用酒精泡 3 ~ 5 小时待用。将麦麸炒香，然后用酒精泡药加以混合，装入坛内密封发酵 12 小时就可捕鱼。

3. 捕鱼方法

可在 500 米长，40 米宽的有滩的流水河面上使用。捕鱼时将药撒在滩的上游 5 ~ 10 米处，让麦麸顺水流到滩上来。在离滩的下游 30 ~ 80 米处派人守在那里，防止浮起来的鱼随水流走。将浮起的鱼捞起即可。

（十七）捕捞底层鱼妙法

"饵诱入笼"是捕捞水库、池塘底层鱼的有效方法。鱼笼用竹制，口径为 20～25 厘米，笼身直径 20～35 厘米，入口设置倒须，笼内放置诱鱼饵料，诱鱼入笼而捕获。饵料依捕捞对象而异，如捕捞鲤、鲫、罗非、鳗鱼等，可用蚯蚓、蝇蛆、菜籽饼、炒米糠、熟红薯等作为诱饵；捕捞青鱼可用螺蛳、河蚌；捕草鱼可用鲜嫩的草料。鱼笼底部捆绑沉石，上端用塑料绳结扎，绳长为水深的 1.1～1.2 倍，绳端附加塑料浮漂，作为鱼笼标记。捕鱼作业时先将鱼笼用船运往预定的捕鱼地点，可以单个投放，也可采用连绳钓具式投放。每次可投放鱼笼数十个至上百个，每天收放 1～2 次。如在水体较小的池塘或深潭中作业，投放鱼笼之前，可先在笼体附近撒投一些食饵于水中，以诱鱼集中，然后投放鱼笼，捕捞效果更佳。

（十八）昏鱼巧法

将谷子 500 克煮成半熟（即谷粒胀开）取出后用凉水过淋，然后再拌 1 公斤野八角，用松毛柴温火再煮，边煮边拌约半小时，然后加 100 克白糖，拌匀后灭火，晾干，再用塑料袋装好，封存一夜备用。将加工好的谷粒与牛粪做成小丸，投放入平静水中（水流不能太急），一般一条 1 公斤重的鱼只需食 2～3 粒即能浮在水面，一般投药后 2～4 小时是鱼上浮的高潮。此法只宜夏秋季节使用，较大的水面应先投两天诱饵，然后再投药。

（十九）捕水库凶猛鱼类秘术

大多数水库为蓄水之用，不容易清塘。一旦水库中有了较大的凶猛鱼类，如鲶鱼、黑鱼、马口鱼等，投放的鱼苗就成了这些凶猛鱼类的"饲料"，严重地影响水库的渔业生产。下面介绍一例捕水库凶猛鱼类的秘术。

1. 药剂配制

野八角（麻醉剂）50%；粘膏树酯（粘结剂）30%；黄粉虫（诱食剂）20%（如没有黄粉虫或用蚂蚱或干鱼虾代替）。野八角和粘膏树酯只能晒干或微火烘干，黄粉虫要用文火炒至黄色才有香味，然后将上述三种原料混合粉碎，越细越好。如果1次用不完，只要密封好，可留作多次使用

2. 诱饵制作

凶猛鱼类特别喜欢鱼肉的香味。可用家禽家畜的骨头爆炒或煮熟（不能有辛辣味），然后用草捆扎好并拴上石头，分别投到若干个地点进行诱鱼。

3. 醉饵配制

因凶猛鱼类是以鱼、虾、泥鳅、黄鳝以及蛙类等为主食的，配制醉饵要根据所要捕捉的凶猛鱼类的大小来选择相应的鱼类来做醉饵的"包装"，但不能用虾籽，因鲤、鲫、草鱼、青鱼，甲鱼等等也喜欢吃虾籽，以免误醉了这些鱼。最好是用鲤、鲢、鲫、黄鳝、泥鳅等。将这些用来作"包装"的鱼肚划开了一个口子，把内杂全部掏干净，用温水将粉碎好的药剂调成面团状后塞进鱼肚，塞满为止。再用细线把鱼肚缝合好，这样就制成了捕凶猛鱼类的醉饵了。由于凶猛鱼类喜欢吃活食，所以要用一条泥鳅的尾部订在"醉饵鱼"的嘴里作"动力"，在泥鳅的"牵引"作用下，死的"醉饵鱼"也有了动感。10公斤鲶鱼，只要吃了一条约0.5公斤的"醉饵鱼"，就会被醉出水面。

4. 注意事项

（1）凶猛鱼类一般都在夜间捕食，根据这一特点，最好在天黑时就把诱饵投放"打窝"，使凶猛鱼类纷纷被诱到"窝点"逗留不走，在次日黎明前两小时再投放醉饵。因为投饵太早了，

醉起来的鱼看不见抓捕；太迟了，它们又游走了，投放的醉饵就没鱼来"光顾"了

（2）鱼类属变温动物，随着天气变冷食欲也逐渐减退，甚至停食冬眠。夏秋季节，在沉闷的阴天，大多数鱼类也很少进食。各地要因地制宜，结合当地气候条件安排适宜的时间醉捕。

（3）吃了醉饵的凶猛鱼类只要两个小时就会醉上水面打"转转"，任人捕捉。吃饵早的就醉得早些，吃饵迟的就醉得迟些，要耐心等待。

（4）捕凶猛鱼类的醉饵一定要新鲜，最好在水库边现场现配制现投放，要保持环境安静，以免把鱼吓跑了。

（5）如用此法醉捕其他鱼类，要严格掌握药剂与食料的比例。正常的比例是：50 克药剂配对 500 克食料（以含水分计量）。

（6）凶猛鱼类难以徒手捕捉，要带好捕捞工具和救生用具，注意安全。

七、草鱼垂钓秘术

（一）打游击钓草鱼

所谓打游击，就是不打窝子，没有固定的钓位，这里甩两竿，那里甩两竿。此钓法不管是手竿还是海竿只适宜于初开竿1～3次的水塘或水库，水域大的塘可多钓几次，水域小的钓1～2次就钓不到了，一口塘钓时间长了、次数多了，鱼就钓猾了，不会轻易上钩。此钓法正常情况下，坠要紧靠鱼钩，漂离坠20厘米左右。如遇深水塘、气温低，水里有大、中、小三种鱼，漂浅了钩上来的鱼都是小鱼，根据水的深浅，漂可由50厘米捋至2米，这样咬钩的大都是大草鱼。

（二）浮草引鱼钓草鱼

这是以草为饵的钓法。一口塘或水库经常有人垂钓，鱼经受的锻炼多了，变得更机灵了，垂钓竿的响声，人说话的声音，水面的响动，人的倒影，鱼都一清二楚。只要遇到上述情况，鱼就躲到远外或深处了。在这种情况下要采取浮草引鱼钓法：扯一些鲜嫩的青草在顺风的水边撒下，让其在水面上顺风漂流。这时可用海竿或手竿钩好草饵，漂放浅，把草饵放在浮草里或浮草附近，海竿打开绕线轮，然后人躲一边注意看漂。引来鱼后会看到鱼群吃草在水面卷起的漩涡，水下草叶被鱼拖得忽隐忽现，浮草则被拉得东倒西歪，但极少看到鱼的背鳍露出水面。因为鱼拱得浮草乱晃，有借草掩身的本领。若草的残茎在浮草10余米外浮起，说明草鱼进食速度极快，能用下齿切割草料。浮草引钓，钓饵用嫩草茎叶即可，鱼常会先吃钓饵。用面食、蚯蚓、油葫芦、嫩苞米粒也都可以。在钓层深度的选择上，大致在 50 厘米以内。鱼讯有两种：黑漂斜走和快速平移，一般不出现底钓时常见的送漂。雨前和转风期时，气压低、水中溶氧不足，用竿伸入水中一搅会浮出几个长时间不散的水泡，或者在水边看到漂满油腻的带状污垢或水泡，也是缺氧迹象。草鱼大多栖行于中层，不宜浮钓。

（三）沉底草窝钓草鱼

经常有垂钓者光顾的鱼塘，鱼有过教训，一有动静就沉底不轻易露面，即使露面也不吃浮草。在这种情况下，就要扎草捆子打底窝子。方法是割来嫩草，将石块（或砖头）夹在草根处捆扎成草捆，将其沉入钓点。一般打 2~3 个窝即可，过一段时间注意观察每个草窝的动静，一旦草窝处有气泡、碎草浮在水面，就说明鱼已进窝吃食了，此时，可将钩饵抛至草窝处，最好让饵停在草尖处。要注意鱼上钩后要立即拖往别处起鱼，千万不能在草窝处遛。每窝钓 1~2 条就换窝，轮番下钩。用此法钓草鱼获量可观。

（四）诱饵打窝钓草鱼

草鱼一般来说是以食草为主，但也爱吃酸、甜、香、臭不同的饵料，配成酸甜型、酸臭型、香甜型、单一型都可以。最好是将配合饲料炒香，然后加米饭、面粉、酒（或甜酒糟）拌均匀，做好后，用一只坛子盛好密封备用；用时可加新料，如米糠、米饭、饲料都可以。打窝时鸡蛋大一坨打 3~4 坨，撒 1 平方米左右，一个人撒两个窝轮番下钩，钓饵可加些面粉，用蚕豆大小捏在鱼钩上。此钓法最好不要用坠，因食饵的重量代替了坠，浮漂放深横卧在水面上使水下有余线，鱼咬食时就不会有阻力，待漂立起向下沉时起竿。

（五）活食钓草鱼

草鱼的食量大，食性杂，用蚂蚱、大青虫、大蚯蚓、蟑螂等做钓饵都可收到很好的效果。这类饵大部分可以就地取材，而且鱼四季都吃。初春秋末要钓到草鱼非活饵不可，初春时鱼饿了一冬，亟须高蛋白补充（想吃草也无草可吃），因此尤其青睐活食。

（六）海竿"觅钓"草鱼

与鲫鱼、鲤鱼相比，草鱼的集群习性要突出得多。它一般是成群游动，而且活动范围广，巡游距离大，在一个塘里，如无明显水草区，它就可以说是到处走，不像鲫鱼常囿于固定的一小片活动区域，也不像鲤鱼，散兵游勇多，大帮活动少。因此，钓草鱼即使做了窝子，也很难将一个鱼群长久留住。钓个三两条也就过去了。所以针对这个特点，"觅钓"便是一策。觅钓，觅什么？觅草鱼群。为什么用海竿觅钓？因为海竿打得远，机动搜索范围大，"觅"起来更为得心应手一些。多用几副海竿，一个固定的钓位不动，在不用搬家的情况下，就可觅钓很大一片区域，而手竿则明显见拙。具体方法：用4~6副海竿在一定范围里分散抛钩，使之远、近、左、右、深、浅、边、心……星散分布。哪里咬钩上鱼，说明草鱼群正在哪里，随即便向那个地方"转移战场"、"增加兵力"——再起出几副海竿（不一定是所有海竿）打向那个区域。钩具用集团钩，也就是通常所说的炸弹钩；活砣；饵料用玉米面文火炒香后，烫制成的黏软面饵，效果很好。

八、鲤鱼捕钓秘术

（一）打窝子钓鲤鱼

钓鱼界有一句谚语，叫做"钓鱼打窝，越打越多"。确实，钓点如果选对了，窝也打得好，取得好效果就有了保证。

打窝最主要就是诱饵要对路，也就是说诱饵的品种要符合鲤鱼的口味。鲤鱼最爱吃的是新鲜的牛粪（牛粪诱饵的做法是：把稻草碎屑碾成粉末状，掺入新鲜的牛粪，再加入面粉拌和均匀，捏成拳头大小的团块，投入钓点），以及其他粮食粉末和颗粒做成的饵料，这类饵料应有甜味和香味。此外，用花生饼或豆饼碾成粉末加入曲酒，再加些面粉拌和并蒸熟制成团块，也是鲤鱼喜欢吃的饵料。

窝子一般可打 3~5 个，几个窝之间的距离不能太分散，应该靠近一些，可以形成一个吸引鱼前来的聚集区，诱饵要多放些，在这方面不能小气。如发现诱饵快吃完或钓到两三条鱼后，就应及时补饵，以使鲤鱼能较长时间聚在窝点范围内。

当牛粪诱饵撒入窝里，隔 10~20 分钟后，就可见到草屑及"沫子"泛浮到水面，此时即可抓紧下钩。若较长时间仍不见泛出鱼星时，则应考虑换窝，不能长时间等下去。

钓鲤鱼下钩有几种办法，最为普遍使用的是喂窝下钩法。这种方法只要在打窝后隔一会儿把饵装上钩后下钩就行了。需要特别注意的是，如果窝子附近或周围没有水草，钓线可以用得长些，一般可以超过竿的长度，线长的好处是一旦需要与大鱼周旋时，便于收线和放线，有较大的处理余地，线短了遛鱼时就比较困难。但是在窝点附近有较多水草时，钓线应该短些，因为一旦大鱼上钩后，很容易将饵钩拖入水草丛中，特别是线长了容易被水草缠住。

第二种下钩法是当窝子打好后，就在钩上装上饵料，然后静静地注视着窝点附近的水面，待水面上出现鱼星时，立刻下钩。

值得注意的有三点：一是下钩的动作尽量要轻，不可发出任何声音，让饵钩轻轻下沉到水底，以免鲤鱼受到惊吓；二是下钩的位置要准确，必须下在鱼星移动的前方，才有好的垂钓效果；三是根据鲤鱼觅食习性，垂钓应采用"守株待兔"钓法。在选好钓位之后，要坚持固守、耐心静候，过一段时间后可提竿换新饵，有时用荤饵换成素饵如饭粒来蒙骗鲤鱼。尤其是在窝子周围出现鱼星时，不能像钓鲫鱼那样经常提竿引逗，否则胆小、机敏、狡猾的鲤鱼会被吓跑的。实践证明，换饵太勤，误提次数多，必然干扰鲤鱼吞食，丧失上钩时机。

提竿必须掌握时机，提早了或拉迟了都会钓不着鱼，让上钩的鱼跑掉，还会惊动整个窝中的鱼。所以提竿是钓鱼中一项技术性很强的动作。

鲤鱼虽然体大嘴大，但它对于饵钩不是一上来就一口吞下的，而常常要经过多次尝试，对食物先是闻闻碰碰，可能是闻气味，分辨是什么品种，也可能是尝尝是什么味道，是否对胃口。这时在浮漂上的反映是很不稳定，有小幅度的浮浮沉沉，直到鲤鱼觉得饵食确实可口，并且没有危险时才张口吞食，吞入后立刻游走。这时在浮漂上的反映是浮漂徐徐地向下沉，出现"黑漂"，此时及时提竿，准能把鱼提上岸。若看见浮漂一沉一浮就拉竿，那时正处在试探阶段，竿一提，鱼就跑掉了。太迟了也不行，它常常吞进去后又吐出来，要反复两三次才最后吞下，若正在吐出的时候去提竿，就会落空。

上面所说的，还只是钓 1 公斤左右的小鲤鱼，若是钓 3 ~ 5 公斤的鲤鱼，那就要加倍费劲了。当更大的鲤鱼吞钩之后，会往深水处逃窜，有以下四种表现。

其一，窜。鲤鱼在觅食中突然被钓钩钩住，疼痛异常，便负痛狂窜，这时钓者要冷静、沉着，充分发挥拽力装置或竿线的柔韧性作用，缓冲鲤鱼的冲力。窜，也是消耗鲤鱼体力最大的时候。

其二，跃。鲤鱼在狂窜中，因疼痛受惊，便跃出水面，这时钓者要有充分准备，切勿绷线过紧，以免拉断钓线。

其三，卧。在窜、跃均未奏效时，它又会猛然沉底，把前半身扎入泥中，卧着不动，任你怎么用力，它也一动不动。这时钓者应发挥竿尖弹力作用，时松时紧，引它游动，不给它以喘息之机。

其四，绕。大鲤鱼还有一个"绕"的本领，就是它会牵钓线在原地打转，钓线也就一松一紧，有时它还会围绕水底障碍物转圈，这时钓者应绷紧钓线，阻止其绕圈。

由于鲤鱼力大，钓者事先一定要有准备，应该沉着、冷静、耐心。要紧握鱼竿，让鱼竿绷紧成弯状，必要时可缓缓放线，若无线可放时，可随鱼拖的方向跟上几步，但鱼竿始终不能放松，必要时让鱼竿绷紧，实在太紧时可让鱼竿的弯度略微小一些，在相持 10 分钟后，可将鱼拉出水面，使鱼呛水，一连呛上几次，鱼的力量就会越来越小。5 公斤左右的鲤鱼，常常可挣扎冲刺 8~10 次。总之要耐心与它周旋，它跑，钓者就放点线，它一停下，钓者就要收紧线，反复溜鱼，直到溜得鱼精疲力尽、肚皮朝天几次后，最后把它拖到近岸处，用抄网抄上岸来。

（二）炎暑钓鲤鱼

鲤鱼是比较难钓的一种鱼，难在什么地方呢？①鲤鱼本性多疑，较警觉，如果钓饵老是动荡，它就不敢咬钩；②鲤鱼嘴刁，稍不合口味的食物，就吐出不吃；③鲤鱼活动性大，多不肯落在米窝中；④水温稍降低，鲤鱼就停止活动。不过，只要掌握了鲤鱼的习性和活动规律，钓捕的办法也就不难找到了。

鲤鱼在秋夏两季的早晨和傍晚，喜沿湖岸游动，并常在瓦砾堆、垃圾堆里觅食。天越热，动作越活泼，也较易上钩。尤其在雨前闷热的天和雨后更是如此。

鲤鱼习惯贴着水底游动、翻寻食物。它游到哪里，哪里的水面就会冒出一大片一大片的水泡，水泡密度越大，鲤鱼越多。钓者可以伺机下钩，具体钓法如下。

(1) 撒米窝　每个窝子撒上两个乒乓球大小的大米饭团，每处打 1~2 个米窝即可。米团中最好拌入小米或玉米，钓饵以蝇蛆、山芋为宜。鱼钩下水后不要轻易移动，让鱼自己来吃。

(2) "撵走星"　什么是"走星"？鲤鱼找食时，搅动水底的淤泥，冒出大片水泡，水泡有固定的，更多的是游动的。我们称之为"走星"。钓时，将鱼钩串以蝇蛆、小虾、山芋等，轻轻将鱼钩丢向冒泡的地方（要有"提前量"）。水泡前进的方向就是鲤鱼的去向，钓钩应抛向"水泡头"（即鱼头处）。钓者要静看浮标，如果鲤鱼不吃钩，水泡还会继续前进，钓者就得提起鱼钩，重新丢向前方冒水泡的地方。反复如此，直到鱼吃钩或游远了为止。

鲤鱼"走星"多在春季至秋季的早晨和下午可见，并多在下风口、码头淘米洗菜处或湖边的湾口处有脏物的地方，风平浪静的地方也时常可见。

（三）钓鲤鱼妙法

咖啡 50 克、胡椒 25 克共研细末，加入蛋清 3 个，面粉 50 克搅拌成团，搓成黄豆大即成药饵，正常情况下每天可钓 10 公斤鲤鱼。

（四）专捕鲤鱼特效法

1. 原料配方

野八角 150 克、黄花菜 200 克、蚯蚓 30～50 条、大米 1 000 克、臭鸡蛋 3 个、闹羊花 50 克。

2. 配制方法

（1）将野八角、黄花菜、闹羊花捣烂，蚯蚓切成小段混合后密封 1 小时才与臭鸡蛋混合；

（2）大米用开水泡开花为止，与以上原料混合，密封半小时便可用来捕鱼。

3. 捕鱼方法

将原料靠岸边撒下去，把鲤鱼引向岸边，鱼只要吃上一口，便浮出水面，此时捕捞要快捷。半小时后鱼便会苏醒。

臭蛋制作：将鸡蛋用针扎几个小孔后，放在碳酸氢铵化肥中埋藏 2～3 天。夏天 20 小时即成臭蛋。

以上几种方法在使用时注意不要在有 3 厘米以下鱼苗的水面捕鱼，因为这些药物对鱼苗有过强的麻醉作用，会影响其生长。

九、鲫鱼垂钓秘术

（一）草隙钓鲫鱼

大家都知道，鲫鱼是不肯在光照太强的亮水区域栖身的，它一般喜欢在阴凉的、有遮掩的、稀疏适度的水生植物间游弋、觅食，因为这样的环境不仅水温适中食物丰富，而且水中含氧量充足，鱼的食欲较旺盛。这样的环境还有比较隐蔽，水流比较平稳，昼夜温差小的优点，不仅适合鲫鱼游弋、觅食，还适合交配产卵和孵化。

在这样的水域中，垂钓者只要选择一处离岸 4 ~ 5 米远、脸盆大小、没有水草的空隙处下钩，收获一定是不错的。需要注意的是：鱼竿要求长些，最好有 5 ~ 6 米长，竿的尖部要硬些；鱼线要用比较粗的，但不宜过长，4 ~ 5 米足够。下钩时钓钩一定要落底。如果能找三四处适合的草隙打上窝，轮流看着浮漂，有鱼上钩时及时拎出，收获将不会很差。

（二）春季浅滩钓鲫鱼

每年的 3 ~ 4 月间，在池塘的避风处水温就有所上升，晴朗的天气气温将进一步上升，鱼就开始进入了活跃时期。这时，水中的溶氧量是充足的，鱼食欲转旺，再加上鲫鱼在整个冬天都处于饥寒交迫的境况之中，比较需要食物，这时垂钓是个好时机。

浅滩钓鱼法需要头一天傍晚先打窝，第二天上午去钓。钓者如果距离水面较近，用短竿钓操作起来比较方便灵活；距离较远的则用长竿，长竿上的鱼钩要用小的，但钩尖必须锋利，鱼线要细而短，可以既不用浮漂，也不用砣。钓饵宜用活的红蚯蚓，让活蚯蚓在钩上能继续蠕动，这样最容易招引鲫鱼踊跃前来吞饵。

（三）跑钓法钓鲫鱼

通常，钓鱼都是把鱼钩装上饵后下到水里，然后就坐在岸边等候鱼上钩，这叫做"坐钓"。

有一种跑钓法，是在距岸边3米左右的水中打下一排多个窝子，然后沿着各个窝在岸边经常来回跑动着看浮漂钓鱼。跑钓用的是3米多长的短竿，系上细鱼线、小坠、小浮漂和小钩垂钓，然后测试好水的深度、探好净底。

窝的数量要根据钓的时间长短而定，若钓一整天，可打10~20个窝，若只钓2~3小时，则打3~5个窝。打窝用的诱饵，可用酒浸过的小米粒或碎米。各个窝的深浅不能相差太远。打完每个窝后都要做上记号，否则会找不到。

注意：在来回跑动时，脚步要尽量放轻，不可把鱼吓跑。利用跑钓的方法，其效果会比坐钓好得多。

（四）河道深流钓鲫鱼

垂钓者大多是在溪边或池塘边钓静水中的鲫鱼，在较深的河道而且有相当流量的河道中钓鲫鱼，并不多见。若周边有较深的河道，也不妨尝试一下用河道深流法钓鲫鱼。

用河道深流法钓鲫鱼，一个人只能看一两副竿。所用的钓竿是长5米左右的竿，钓线的长度为4~4.5米，其他如鱼钩、浮漂、鱼坠都是比较大的。操作时，把饵钩甩到河道的中心部位，较大的鲫鱼常在这种水流中顶流而上，发现鱼饵会猛吞饵钩。若发现有鱼吞钩，可迅速起钩。只要河道水流中有鱼经过，这种钓法是比较有效的。由于这种钓法专钓过路的大鲫鱼，所以不需撒饵打窝。

（五）浮钓法钓鲫鱼

当天气闷热、气压低时，水中溶氧减少，鲫鱼难以承受水中的缺氧状况，便浮到水体的中上层。这时若还是底钓，则收效甚微，可改用浮钓。

浮钓法一般采用卧钩，用增加浮漂浮力的办法使鱼钩漂浮在水中不着底，根据鲫鱼在水中游动的层面，用调整浮漂在钓线上的位置来调整鱼钩的深浅。浮钓时浮漂在鲫鱼吞饵时的反应，一般是下沉，此时提竿便可得鱼。

（六）投竿串钩钓鲫鱼

鱼一般都胆小怕喧闹，相对在水的远处、深处，尤其是夏天和冬天，因气候原因鱼一般躲在深水处，此时可用投竿把饵钩甩至远处，不仅能多钓鱼，而且有可能钓到大鲫鱼。钓具以小巧为主，钓饵多用荤饵，如蚯蚓等。将钓饵装钩后，甩至 30~40 米以外的水域，支好钓竿，收紧钓线，挂上小铃，即可静候，待铃响或看回线提竿即可得鱼。

（七）钓大鲫鱼秘术

1. 深水浅窝

大鲫鱼大多栖身于水体较深的池塘里，所以钓鱼之前，要找到水体较深的池塘，而且是有水草和其他鲫鱼喜欢的生活环境。然后，要在距离池塘岸边 4~5 米、水体不深不浅处打上诱鱼的窝子，最好多打几个，并逐一做好记号。深水塘中较浅的水域，是大鲫鱼喜欢聚集的地方。

2. 物色多年未清过的老池塘

多找几处有大鱼生活的池塘是必须的，大鲫鱼并非什么池塘中都有。因为鲫鱼长得很慢，0.5 公斤的鲫鱼，需要 3 年左右才能长成，更大的鲫鱼就需要更长的时间。所以钓鱼之前，必须先摸清池塘的底细，只有多年未清过的池塘，才是钓大鲫鱼的目的地，那些每 1~2 年或 2~3 年就清一次底的池塘，就不必白花时间和浪费诱饵去打窝。

3. 掌握垂钓季节

较大的鲫鱼，并非任何季节都能钓到的，即使能钓到，也不会多。每年春季后期鲫鱼开始产卵孵化的时候，必须摄入较多的食物、积蓄较多的养分作为生儿育女之需，因而此时垂钓，大鲫鱼容易上钩。到了秋季中后期，马上就要进入不能摄食的严冬了，鱼必须趁这个时期尽量多摄食，作为度过冬天的需要。

4. 随草打窝

撒饵打窝时，要弄清楚池塘的什么部位有水草，撒饵打窝要靠近水草生长处不远的水域。因为鲫鱼胆子很小，不肯在光照很强的地方停留。总要找些有水草或其他比较隐蔽，可以藏身的水域才能安心生活。

5. 排除小杂鱼干扰

在钓鲫鱼时经常会遇到小杂鱼的干扰，这些小杂鱼经常在钓饵上触触碰碰，使得浮漂不断地跟着小浮小沉，害得垂钓者经常分心受扰，非常令人讨厌。一般可采取下述几种方法来对付：①撒窝的诱饵用酒浸过的米粒，因为小杂鱼对它不感兴趣；②钓饵改用素饵，小杂鱼发现是素饵，一般都不吃，而自行离开；③用螺蛳肉、蚌肉捣碎后投在窝子的附近，可把小杂鱼吸引到旁边去吃食，饵钩可少受干扰；④在较浑的水中去钓，很少受小杂鱼干扰；⑤用最小的鱼钩装上很少的红色活蚯蚓，这样可以很快地把小杂鱼钓除。

十、泥鳅捕钓秘术

（一）新法大量聚捕泥鳅

聚捕泥鳅新法是经过多年实践的可靠技术，农民过去常用茶麸毒害泥鳅，把泥鳅都毒死了，如今聚捕的方法是将茶麸减少到2/3，这样泥鳅就不会被毒死。由于茶麸的药性对泥鳅有刺激，泥鳅便在田里乱窜，迫使它进入准备好的泥堆里，即围而捕之。

1. 茶麸用量及制法

茶麸用量与泥田的深浅、药的新陈都有关系。水深比水浅的田里药量要多些，泥深比泥浅要多些；新的茶麸比陈年的茶麸用量要多些，所以在用量上很难说个准确数目。一般每亩施用5～7公斤。施药时注意，药多了，泥鳅就死亡，也不会进入泥堆，药少泥鳅不出来。只要能刺激它出来游窜，便是最好的效果。捕回的泥鳅条条活鲜，可以养殖。药的制法是将茶麸置于柴火上烧，反复翻动，烧到两面冒烟即可。粉碎后，放在桶里，用沸水浸泡1小时即可。

2. 田里准备工作

泥面要求平整，沿田边每隔6～7米远作一个小泥堆，露出水面10厘米，大如脸盆。

3. 施药

施药方法有两种。一种是撒施，沸水浸泡的药已将水基本吸干，只要在傍晚把药撒播到田里即行。第二种为洒泼，将药水泼洒在田里。前者操作简单，后者效果更好，药用量也少。

4. 捕捉

茶麸入田后，泥鳅因不安而到处乱窜，只有露出水面的泥堆才是它们的避难处，进入泥堆即不出来，而且一定会进入泥堆。次日早晨将田里的水排干，逐个泥堆翻捕即得大量鲜活泥鳅，多换几次水还可继续饲养。

其他事宜：①要选择有泥鳅的田。早晚从田边走过，用脚踏田埂，如有动静则泥鳅多，如无动静则泥鳅少。②用过的药水，排出后对下一块田仍有用，只要补施加少量茶麸就行。③此法对黄鳝无作用，田里有作物也不宜进行。④多试几次，经验就丰富了。

用这项技术仅一天可捕泥鳅几十公斤，获得很好的经济效益。

（二）巧法聚捕泥鳅

辣椒粉、米糠混合炒香后，用泥浆拌匀装进脸盆里。晚上将脸盆埋在池塘里，次日泥鳅便钻满脸盆。

（三）诱捕泥鳅秘术1~3

（1）把米糠、麦麸或其他饵料炒香，用塑料袋装着（袋上要开些孔，放在网具或鱼笼里），然后将网、笼放在池塘中，每隔一段时间捕捞一次。饵料的香味散失后，重新装上。

（2）在盆内放上一些煮熟的猪、羊骨头，用布盖严盆口后，将绳子沿盆边扎紧系牢，再在盖布的中部开一个泥鳅粗细的小孔。傍晚时把盆子安放在池塘的泥中，使盆口与塘泥面一样平齐，泥鳅闻到香味后就顺孔钻入盆内。

（3）用带节巴的竹筒一根（楠竹最好），在每个节巴上头挖个拇指粗的小孔，竹筒长1.5米，放入大粪池内浸泡8天，取出放置在田间顺风头上，孔的下端一定要与泥巴平行。泥鳅闻到浓味即钻入筒中而被捕获。

（四）水冲法捕泥鳅

将渔具铺在靠近水口的地方，从进口放水进池，泥鳅受到微流水的刺激后，便逆水上游，自动群聚到进口处附近。此时将预先埋伏的渔具提起，便可将之捕获。

（五）干塘捕泥鳅

入秋后，水温渐低，泥鳅钻入池塘泥底之中，只能排干水捕捉。将池塘泥土划分成若干块，中间挖排水沟。泥鳅会集中到排水沟内，就容易捕捉了。

（六）篮子装捕泥鳅法

用一只篮子，放一些骨头（特别是红烧的骨头，效果最好），在骨头上覆盖一层淤泥，将它沉入有泥鳅的水域水底。前一天晚上放篮，第二天清晨去收篮取鱼。每次可放 10 来个篮子，可捕得泥鳅 2 ~ 3 公斤。

（七）竹笼聚捕泥鳅法

竹笼用竹篾编织，呈纺锤筒状，筒口如小碗般大小，筒尾逐渐缩小，最后收拢，用竹篾扎紧。筒的长度 60 厘米。另外用竹篾编一个倒须，放入筒口。使用时，将倒须与筒口拴牢，泥鳅钻进就出不来了。依此法可做 20 ~ 30 个竹笼。前一天傍晚放笼，第二天早上收笼取鱼。下笼前，先将筒口的倒须打开，逐个放一些泥鳅喜欢吃的食物，如骨头等。然后把倒须拴牢，一个一个地放到有泥鳅的水田背坎犁过后形成的沟里。泥鳅晚上觅食很活跃。当它看见或嗅到筒里有可吃的食物时，便钻进去。第二天会收得很多泥鳅。

　　捕得的泥鳅，应放在清水里暂养 1～2 天，并在水中滴几滴菜油，让泥鳅把泥土吐净，食用时便无泥腥味。

十一、黄鳝垂钓秘术

（一）棍钓黄鳝

用一节绵线拴在棍上，另一端穿上针，把大蚯蚓串到线上后，去掉针。将蚯蚓挤成一团，拴牢，便成一副钓具。每次可用20～30厘米钓具。傍晚将棍挺在有黄鳝洞穴处，把蚯蚓团甩入水中。每隔10分钟用手电筒查看一遍，有黄鳝在吞食蚯蚓同时，便一手扯竿，另一手用提桶接住黄鳝。如果检查晚了，黄鳝把蚯蚓团拖进洞里去后，就不容易把黄鳝拉出洞来了。

（二）放针钩钓黄鳝法

运用放针钩法捕鳝鱼，适于湖泊、河汊、沟渠、池塘等有黄鳝的水域，其优点是一次放针钩可大量捕捉黄鳝，并且钓的比较轻松。

选择3号或4号缝衣针数十枚，一般根据自己放针多少而定，用1.5～2.5米尼龙线，一端系在针的中间部分，一端系在竹制或木制的插桩上，这就是放针钩。

黄鳝昼伏夜出，晚上觅食活跃。根据其特点，傍晚时开始放针效果最佳。运用放针法钩捕黄鳝所用的饵料是比较大的蚯蚓（颜色不限），也可用螺蛳肉、蚌肉、小鱼虾。穿针时，针尖不能外露，以免黄鳝吃饵时负伤吐针，黄鳝吃饵料时竖着将针全部吞下。吞下时一旦黄鳝再活动立即被拉横，这样黄鳝就不能跑多远了。

诱饵穿好针后，能否钓到黄鳝？这与放针的位置有关。放针前就应选择有黄鳝活动的水域。放针时，在临水的岸边将针抛向水中，让针缓缓沉入水底，这时将木桩牢牢地插入岸边并做好记号。放针的距离间隔为5～8米，针放完后2小时巡察一次。此时就可以捕捉一些黄鳝了，因为黄鳝吞针后是不易逃脱的。

假如是以捕鳝鱼为业的，每天下午5时以后放针，而且大批量地放针，一次可放300～500枚，这样可以大面积地收获，有时一晚上便可捕捉到数十公斤。

应用放针法捕鳝的最大缺点是黄鳝吞针后取针较困难，而且将针取出后黄鳝负伤重，不能存放过久，更不能饲养。

（三）钩钓黄鳝法

钓鳝的主要钓具是钢丝钩、软钩、引钩，可以自己制作。

（1）钢丝钩　用一根1.5～2毫米粗细，60～70厘米长的细钢丝，一头磨尖，再用尖嘴钳弯成一般鱼钩大小即可。钓饵可选用青黑色的大蚯蚓，从尾部穿插到头部，将钩尖包住即可。

（2）软钩　钩头同钢丝钩一样，但钩柄较短，以4厘米为宜，并在尾部系以锦纶细绳，在接头处套细橡皮管（自行车气门芯用的橡皮管也可）。使用时用一根细竹梢插于皮管尾部上，钩一拖竹梢就脱落，然后可用细绳将黄鳝拖出，软钩的最大优点是不易脱钩。

（3）引钩　用一根长细竹，竹头缚上纲丝穿上蚯蚓即可，此钩一般用于水草茂密，钢丝钩难以下钩的地方。用它引黄鳝出洞，再用钢丝钩钓它，极为方便。使用得法者可以直接用引钩将鳝鱼钓上来。

用钢丝钩钓黄鳝的时候，必须注意钩头朝下，轻轻晃动深入鳝洞。碰到大黄鳝咬钩时，须将钩子稳住，待黄鳝耗尽力量再往外拉出一半时，可用手捏住鳝身，连同钩子一起扔到岸上即可。

如果碰到砸沫黄鳝，用一般的方法是不会上钩的，此时须动作大些，使黄鳝感到威胁才会上钩。砸沫黄鳝多在白泡沫堆下，产卵期很少进食。

钓钓鳝最头痛是遇到黄梅期的黄鳝。这一时期，黄鳝的食欲骤减，如果它还能摄食，可先将其引头出洞，取小一些但比较税利的钢丝钩在黄鳝摄食时迅速塞入鳝口，必须注意钩头"竖进横出"便可将黄鳝钩出。有时，还会碰到大黄鳝，只隔几分钟将头伸出水面换口气，继而又钻进水里。碰到这种情况，可取一个尖锐的大钩，看准黄鳝的头部方向，待其伸出水面时，猛地向其喉部扎去，连同钩子一起甩向岸上，动作须迅速、准确，笔者曾试过几次，颇为有效。

（四）单钩钓黄鳝法

本法适用于稻田梗、小沟渠、湖塘岸边钩捕潜藏在沿岸穴中的黄鳝。

单钩制法：选用铅笔芯粗细的钢丝，一端磨尖弯钩。钩的弯度要适宜，钩尖要求锋利，钢丝的另一端用细竹子穿入作外套（像铅笔芯的外包木，便于拿握），单钩长 50～60 厘米。在有竹套的一端用 60 厘米长的尼龙线穿一小方木做浮漂（以便观察黄鳝是否还触钩）。黄鳝单钩就做好了。

黄鳝单钩的使用方法：黄鳝喜欢在稻田埂、小沟、渠道旁、溪河等水域的岸边钻洞做穴，白天大都潜藏在洞穴中栖息。根据这一生活习性，白天用单钩就很容易钩捕黄鳝。

黄鳝单钩所用锈饵：一般是粗蚯蚓，红、黑或其他颜色的均可，其次可用蚌肉、小青蛙、螺蛳肉、小鱼、小虾等。钩黄鳝时沿着黄鳝出入的水域岸边或稻田埂的沟渠旁仔细巡查，发现洞穴便将穿好诱饵的单钩徐徐放入洞穴中。放到一定深度稍等片刻，如果洞穴中潜藏着黄鳝，那么黄鳝便马上咬钩吞食，这时黄鳝就会将钩往里拉。此刻，钓者应该轻轻向外拉，当黄鳝被拉出一段后，趁势用另一只手将黄鳝捉住，放入盛黄鳝的篓子里。篓中要放些水草，防止黄鳝缺水死亡。如果黄鳝咬钩后向外拖时脱钩，照样可以钩到。但是，如果再三脱钩，黄鳝咬钩受伤重，钩尖应立即调整。注意，不管用什么诱饵装钩，切勿把钩尖露出，如果外露，黄鳝就不会吃饵上钩了。

运用单钩钓黄鳝，如果钩诱饵较好，而且钓者的技术发挥正常，那么钓黄鳝也是十拿九稳的。一个熟练者一天可钓几公斤。不足之处在于寻找黄鳝洞穴时东奔西跑，找不到黄鳝的下落就无法下钩了。

（五）放钩捕黄鳝法

适用于黄鳝出没的湖汊、池塘等宽阔水域。其优点是同放针法一样，可以钓到大量黄鳝。

用 3 米长尼龙线，线一端系一个普通的钓鱼钩（如鲫鱼钩较好，市场上有售），一根主线上系 3 ～ 5 根支线，支线间隔 5 米，每一支线上都系一只鱼钩，将线的另一端系在竹制或木制的插桩上，这与放针法的工具差不多。

适宜放钩捕黄鳝的诱饵以蚯蚓为主，其次是小鱼、小虾。诱饵穿针时，不要将诱饵全部穿满，应有一小部分不穿，让蚯蚓或小鱼在水中晃动以引诱黄鳝上钩（也可以钓到其他杂食性的鱼）。

傍晚时分开始放针钩，放钩的位置应靠近有水草的地方，两钩相距 10 米。将钩抛入浅水或岸边水中，任其自由下沉，在岸边做好记号。每隔 2 小时巡钩一次，第一次巡钩的过程中就可能获得不少的黄鳝。发现空钩，应及时补上诱饵，最好是在午夜进行第二次巡钩，这次收获会比前次更大。若不想夜晚巡钩，也可在第二天早晨取钩。

十二、鲇鱼垂钓秘术

（一）春夏白天垂钓鲇鱼的方法

选用 0.25 毫米以上的鱼线，用国产袖形 721、731 型大钩，穿大浮漂，拴上稍重的鱼坠以防被水冲动，钓食用红蚯蚓、小鱼、小虾、小泥鳅、蝶类、蛾类均可，用钓鲫鱼的钓饵做窝子，以招引小鱼进"窝"，引起躲藏在水草中、石缝里、洞穴内的鲇鱼出来觅食。鲇鱼吃钓食一般很"死"，不易脱钩，鲇鱼被钓上岸后，由于它全身光滑，不易抓捕，要用拇指和食指卡住它胸鳍后的两上软窝处，它就会很老实地被捉住放入鱼笼内了。但要注意，刚放到鱼笼里它会很老实，待它恢复全力后，它会一边摆着头，一边向上窜逃跑掉，因此钓者应把鱼笼口拴牢。

（二）鲇鱼近岸夜钓法

鲇鱼游到岸边觅食的季节，采用近岸夜钓法往往很奏效。用 0.26 毫米的鱼线，一端拴在一根 1 米长的竹竿上，另一端拴上长把歪钩，将大红蚯蚓、小泥鳅、小活鱼穿在鱼钩上，钓具每次可带 20~30 副。选择鲇鱼经常出没的地方，在岸边每隔 10~20 米处挺一副钓具，注意要使活钓饵刚贴水面有挣扎拨水声响，闻声鲇鱼便自行上钩。由于竹竿有弹力，使用的是歪钩，鲇鱼又贪吃，一般不会脱钩，可前一天傍晚放钩，第二天凌晨收竿取鱼。

（三）鲇鱼远岸夜钓法

主要是用"甩线"。用一根 30 多米长，直径 0.5 毫米的鱼线。鱼线的前端系一个坠砣，每隔 0.33 米左右拴一个鱼钩，每米可拴 3~4 枚鱼钩，全线的后端拴在一块长 20 厘米、宽 2 米的两头有叉的薄木板上。垂钓时将鱼线放开，手提离坠 1 米左右的鱼线，照准目标甩入水中。然后收紧鱼线，拴在插入岸边的竹竿上，再在竹竿上端系一个铜铃，这样的钓具每次可用 3~5 副。钓饵和钓饵的穿法同前。

（四）鲇鱼仿声钓法

利用鲇鱼喜欢吃活饵的特点，用鱼钩穿上褐色小青蛙，绑住两只后腿，选择流水口下钓。钓者将鱼竿缓慢地一上一下提动，好像青蛙跳跃之势，发出响声。鲇鱼一发现，便跃到水面一口将鱼钩咬住。这种钓法，鱼竿梢宜硬，鱼线宜粗。钓河、江、水库的大鲇鱼，宜用手轮竿、海竿。

（五）鲇鱼造声钓法

采用以上钓具和钓食，将青蛙沉于水底，加上鱼坠。将鱼竿向左或右稳速平移，使鱼线刮水造成震动，发出"吱吱"响声，鲇鱼闻声即从附近赶来"进餐"。使用手竿、海竿、手轮竿均可。

十三、黑鱼垂钓秘术

（一）黑鱼钓青窝

每年 4~6 月是黑鱼的性成熟期。此时黑鱼成双成对地选择杂草丛生的岸边浅水区修建"新房"。它们将杂草咬断，用尾将断草扫开，开成洗脸盆大小的一个圆圆的亮水洞，这就是"青窝"。青窝做成后，黑鱼便在青窝周围转圈游动，准备交配产卵。钓者沿岸观察到水草中青窝后，便可下钩。下钩时，动作要轻，注意避开人影。钓钩放入青窝后应把竹竿不断地上下提动，鱼钩上的小青蛙或小鱼、小泥鳅便在水面上不停地颤动或游动。这时性情凶猛、急躁的雄黑鱼首当其冲地将"来犯之敌"吃掉，"叭"的一声把钓饵咬在口中，便潜入水底，出现"走线"现象。但此时不能提竿，因黑鱼的颚很硬，若马上提竿，鱼钩扎不进鱼嘴，是钓不着黑鱼的。钓者要耐心等候，当看到水中冒出水泡和再"走线"时，说明黑鱼已连钩带钓饵整个吞进口腔中，此时正是提竿时机，稍用力一提竿，一条欢蹦乱跳的雄黑鱼便得手了。

有趣的是，在这个鱼窝钓到雄鱼后，雌鱼不会远走。因为爱"夫"、爱青窝心切，稍等片刻，它又会回来找"夫"，守护青窝。钓者如前法炮制，雌鱼也会被钓上岸来。若当天钓不到雌鱼，第二天或第三天再钓，必能钓中。

（二）黑鱼钓黄窝

黑鱼的"新房"落成后，雌鱼便开始产卵，雄鱼的精液平铺在鱼窝面上，卵由于精液而相连叠，雌鱼从不马虎了事，用自己的头、背鳍、尾鳍轻轻拨动，把成堆的金黄色的卵摊成薄薄的一层，直到没有两个卵重叠在一起为止，使每个卵都得到充分、均等的氧气和光照。这时，雌鱼在卵下守护，雄鱼在窝的四处巡视，担任警戒。这时的青窝上覆盖着一层透明的薄膜，里面镶嵌着一个个金黄色的小颗粒，这是"黄窝"。钓者观察到黄窝后，如前法炮制，便可先钓到雄鱼，然后雌鱼也会被钓得。

（三）黑鱼钓黑窝

钓黑窝又叫钓黑仔。黄窝的鱼卵孵化破壳变成小幼鱼。幼鱼色黑，像一群蚂蚁，故称"黑窝"。钓黑仔并不是钓幼鱼，而是根据幼鱼群的动向钓大鱼。幼鱼出世之后，成团地在水草的外缘水面上游动、摄食，初期有足球大一团，继而有篮子大一团，往后有洗脸盆口大一团。它们总是集体行动，并有双亲的严密保护，一般是雄鱼在前，雌鱼在后。这时的黑鱼凶猛异常，对靠近和误入到幼鱼团的一切"来犯者"决不轻易放过。针对黑鱼的这一习性，钓者将钓饵往幼鱼团里放，决不会扑空。钓法基本上与钓青窝、黄窝相同。

（四）黑鱼明钓暗钓法

非繁殖期是指春末和秋季，其钓法主要是"钓明"和"钓暗"。钓具应用手竿和手线（不用竿）下钩。

1. 钓明

春末气候转暖，水温上升，黑鱼便游到浅水区或枯水草丛中晒太阳，这叫"钓明"。钓明，钓者不宜穿反光的衣服，黑鱼易受惊不敢吃钩，潜入水中。要选好钓点，岸边的洼、凹处、枯水草丛中都是黑鱼晒太阳的好场所。发现黑鱼时，要轻轻地接近，不能有任何声响，否则黑鱼受惊逃之夭夭。钓饵要轻轻放到水面，而且要放在黑鱼前面 8～10 厘米处，不宜放在它的左右或尾后。

2. 钓暗

入秋以后，黑鱼要大量进食以备越冬。由于气温较高，黑鱼一般不到水面晒太阳，而是隐藏在杂草的亮水洞或明水草下边伺机猎取食物。这时钓黑鱼没有明显的目标，叫做"钓暗"。钓点的选择：早、晚宜钓近岸的浅水区亮堂处；中午宜钓远岸深水区的亮水洞。藏有黑鱼的亮水洞水面平静、清亮，只要将钓饵放到亮水洞里，不时抖动，不断"点水"，黑鱼就会上钩。

十四、青鱼垂钓秘术

（一）手竿底钓青鱼

青鱼多在水体下层活动，故一般仅用底钓。由于青鱼力大、性猛，当水域中的青鱼超过4公斤时不宜选用手竿钓。钓竿可用6~7米的中调竿或硬调竿，钓线直径0.4~0.5毫米；钓钩用钩门宽、钓苗长的短把钩，拴成单钩或双钩。

手竿钓青鱼，诱饵很重要，可将诱饵集中而大量地撒入钓点，再将钓饵装钩送入钓点。青鱼摄食将饵食吸入口中，利用咽齿将食物碾碎后吞咽。浮漂的反应是平稳而缓慢地沉入水中，全部沉入时即可提竿。青鱼上钩后，要稳住心态，迅速下蹲，竿尖上扬成弓形，利用钓竿的弹性与青鱼周旋，决不能将竿身放平。用手竿钓青鱼，若无绕线轮，只能对付3~4公斤重的青鱼，再大的青鱼就难以制伏了。

（二）海竿底钓青鱼

要想钓上大青鱼，非用海竿不可。钓竿采用3~3.6米的中调竿或硬调竿，钓线直径0.5~0.6毫米，线长100米左右，绕线轮和钓钩均用大号且结实耐用的，多用炸弹钩。挂上炸弹饵后投入钓点。饵钩入水后，绷紧钓线，静候鱼吞饵。

青鱼吞饵后，一般是竿尖慢慢下弯成弓形，这时应大力扬竿，即可将鱼钩牢。青鱼嘴皮厚，刚上钩时还不感疼痛，故多伏地面而拉拽不动，这时要紧握钓竿，时松时紧，引鱼游动。当它游动时，就会负痛狂窜，一次可窜出数十米，其速度之快，力量之大，是其他鱼类都难以企及的。因此，钓到青鱼时要有打持久战的思想准备，掌握好方法，把握住姿势，让青鱼在一次次狂窜中耗尽体力，待其再也无力反抗时，将它抄上岸。

十五、鲢鱼和鳙鱼（花鲢）垂钓秘术

（一）浮钩钓鲢鱼和鳙鱼

用浮钓法钓鲢鱼和鳙鱼，春、夏、秋季气温较高的天气均可。

夏季的早晨和傍晚，是鲢鱼、鳙鱼最需要摄食的时间，也是最能获得丰收的时间。

采用浮钩钓法，鱼钩若是 4 ~ 6 个钩组合，可用一块乒乓球大的饵料将钩全部包在内，钩尖向着四周张开，但不要露出饵料之外，饵料应做得黏性较强，避免在甩抛时散碎脱钩。

垂钓时将钓钩放入水中较浅处，白天垂钓一般保持在 60 ~ 90 厘米深度，若在早、晚垂钓，钓钩入水的深度应该更浅，钓钩与浮漂的距离只需 30 ~ 40 厘米即可，让钓钩和钓饵悬浮于水体的上层。

在钓钩下到水中之后，只需观察水中的动静，不要扯动，钩上的饵料入水浸泡 10 分钟左右时，饵料中的糠、麸、豆饼末或花生饼末等由于膨胀而开始松开，纷纷散落在周围水中，像下雪似的慢慢飘沉，很适合鳃耙滤食的鲢鱼、鳙鱼的胃口，周围鱼群发现和闻到食物的气味时，就会争先恐后地前来摄食。此时只要发现浮漂被拉跑了，就可以立即起竿扯线，让鱼钩刺入鱼唇，钓个正着。

（二）沉钩钓鲢鱼和鳙鱼

沉钩钓法除适合天寒季节外，夏季，在水深 1 米左右的浅水水域用沉钩钓鱼，也是可以的。

沉钩钓法所用钓饵，应使用带酸臭味的由粮食粉末混合而成的饵料。安装时用饵料将钩柄、钩弯、钩尖全部包裹住，使钩尖隐藏在饵料四周的表层下。下钩前要先测试出水域的深度，在水体不太深且水温不低的情况下，可将浮漂定位在离饵钩 1 米左右的部位。若水体很深且水温很低，则可将饵钩沉得更深些，当深水中的鲢鱼、鳙鱼闻到饵料的酸臭味后，就会追寻过来，接着便会张开大嘴，将饵料和尖钩摄入口中，当鱼拖动钓线，出现上钩的信号时，垂钓者只要将钓竿一抖动，钓钩的锋利钩尖就立即会钩住鱼嘴让其无法脱逃。

（三）无饵钩拉钓鲢鱼和鳙鱼

蜈蚣钩或锚钩不用钓饵和铅坠（组钩的重量大概相当于铅坠的重量），也无需配用浮漂。钓鱼时，将钩甩于水域的中上层，约停 1~2 分钟，就将钓竿猛地拉抖一次，由远而近，逐次提拉。待到拉近岸边时，再重新将钩甩往远处。如此循环往复，不断提拉，常常会拉钩到鱼，有时钩住鱼的鳃部，有时钩住鱼的背部或腹部，有时还可钩住鱼鳍附近，不论钩住什么部位，都能把鱼拉上岸来。

（四）飞钩钓鲢鱼和鳙鱼

用 3 米左右的海竿，配直径 0.4~0.45 毫米的钓线、50 克左右的通心活坠、还有大浮漂。

用直径 0.35 ~ 0.4 毫米的锦纶单丝作脑线，用 8 只钩拴成脑线长约 15 厘米的组钩。由于鲢鱼、鳙鱼嘴大，钩宜大不宜小。

装钓饵时，先取一块略大于乒乓球的饵料，将脑线夹在饵团正当中，捏紧后将钩逐个均匀地排列在饵团正当中，捏紧后将钩逐个均匀地排列在饵团四周，钩距饵团 3 ~ 4 厘米，使之成为飞钩。它的优点是钩在饵外，鱼吸食时，钩不会被饵团裹住，鱼没有吐钩的机会。只要鱼吸食，就不会跑掉，而且钩子都是被鲢、鳙鱼吸入口中，不会是外搭钩。

飞钩钓法与炸弹钩的原理差不多，只是炸弹钩是隐藏在饵料中，而飞钩则是将钩排列在饵外；饵料的黏度要大于炸弹钩，入水后不易化开，鲢鱼、鳙鱼闻到味，前来吸食饵料时先把钩吸入口中，提竿获鱼。

十六、甲鱼捕钓秘术

（一）甲鱼的插竿钓法

1.3～1.5米的细竹竿或手指粗细的嫩柳条20～30根，大头削尖。1.3米左右长的尼龙线或锦纶线20～30条，每竿一线（拴在小头）；鱼钩用中号偏小的长柄歪嘴钩。每条线端拴一只；钓饵用小泥鳅（鲜活的才行），不用漂不用坠。

装钩从泥鳅脊背朝前钩（注意不可钩得太深），露出钩尖。

选好钓点，将竹竿斜插在水边，让泥鳅在水面上游动。竿与竿间距不要小于8米。头天晚上下好竿，第二天清晨收钩。

甲鱼夜间爬到岸边觅食，见此美食，上前一口咬住。由于竹竿细且软，有弹性，很难逃脱。

（二）甲鱼的引钓法

选用4～5米长的手竿，0.35～0.50毫米的钓线，中号偏小的长柄歪嘴黑钩，用粗大的红蚯蚓或者鸡鸭鱼肠子做钓饵，立漂，坠下单钩钓底（最好选择气温在30℃以上的无风天气出钓，钓点选在僻静的水湾或有树的池塘岸边，塘内如有稀疏的水草则更理想）。

先用酒浸大米撒窝，然后观察水面动静，如有气泡冒出或龟头探出水面即可下钩施钓。下钩时先将饵钩在水面上轻轻颤动几下，接着划直径0.5米左右的圆圈，连续划上几次，然后再让饵钩沉入水底。划圈的目的是引诱甲鱼前来吞食。如不见漂动，再提出水面划圈，再沉入水底。在如此这般划圈沉下、再划圈再沉下的连续引钓过程中，甲鱼难耐得住鲜红蚯蚓（或鸡鸭鱼肠子）腥香美味的诱惑，便会吞钩。见浮漂颤动，可知甲鱼已上钩，但这时不急于提竿，待漂斜下水之后（甲鱼已吞咽饵并移动），再抖腕用力提竿，即可将甲鱼拎出水面提上岸。这种钓法有时还可钓上鲇鱼、黄颡等鱼。

（三）甲鱼的顺河钩钓法

用一条长 30~40 米的粗鱼线，线上每隔 0.8~1 米远拴一只中号鱼钩，脑线长 15~20 厘米，用粗大红蚯蚓或螺蛳肉、小泥鳅、蚂蚱装钩，不用漂不用坠。钓点选择避风向阳的僻静水湾，水深 1 米左右即可。

用 3 根 1.5 米长的木棒，一头削尖，钓线两端拴在木棒的中下部位，顺河塘方向插在距离岸边 4~5 米的水域中，将线抻直，中间再插一根木棒，使饵钩距离水底 1~2 厘米的高度。天黑前下钩，第二天早晨起收钩。这样的顺河每次可下几副钩，以多取胜，收获往往可观。

（四）甲鱼的针钓法

将普通缝纫机针敲掉针鼻，磨尖或锉尖，中间用三角锉锉出一道小沟，做成钓甲针。用 3×3 的锦纶线拴钩，钓线长 1.5~2 米，一端拴在甲鱼针中间的小沟中扣死，另一端拴在 0.5 米长的竹签上，不用浮漂。

钓饵用新鲜的猪肝，将猪肝切成条状，粗细如竹筷子一般粗，长度比钓甲针略长一点即可。装钩时，将针从猪肝条中部戳进，向一端推，使针尖从猪肝条一端外露，另一端也没入猪肝条中，轻轻拉回鱼线。然后用黑色细棉线顺着猪肝条缠绕几道，剪去线头，装钩即告完成。

选择未清过底、未干涸过的河塘或是沙泥底的河湾处为钓场，将竹竿插在岸边，将饵钩轻轻放入水中，猪肝会自行沉入水底。

甲鱼对猪肝的腥味儿特别敏感，对此美食绝不放过。甲鱼吞食后，针必然卡在它的食管里，越是挣扎扎得越深，难以逃脱。

甲鱼被提上岸后，要用脚踩住鳖盖，一手拽线，一手用尖嘴钳子拔出钩尖；或者拽线使劲拉出它的头，用食指和拇指捏住其口角，一般就可摘下钩，如吞的太深，可用摘钩器捅一下即可取出钩。

此法适用于夜钓，傍晚下钩，第二天清晨收钩。每次可下二三十副，收获量较大。

（五）甲鱼的重锤飞钩钓法

用1米多长特制钓甲鱼的车盘竿，0.5～0.6毫米的钓线，线端拴一个75克左右的锥形锤，距锤25～30厘米处，拴长柄大号锋利的鱼钩5～6只。不用浮漂，不用饵食。

选择伏天涨水季节，闷热的天气最好。在有甲鱼的水域观察水面甲鱼伸出头吸气的位置，由于洪水淹没了它的洞穴，甲鱼无家可归，浮在水面露头的次数更为频繁，20分钟左右一次。钓者双手紧握钓竿，注意观察。发现甲鱼露头，立即用力将垂锤钩线甩出，要求落点必须准确，恰好落在甲鱼身旁，旋即钓竿往回一拉，鱼钩正好刺中甲鱼的裙边，休想逃脱。

这种钓法需要钓手必须具备过硬的功夫，出手要快，落点要准。在甲鱼方露头的同时，就把飞钩甩出去，稍迟一点，甲鱼的头便从水面消失，如果一次击不中也不要紧，甲鱼过一会还会冒出头吸气的，只不过换个地方，瞅准位置再投就是了。

（六）甲鱼的钢叉法

甲鱼在河底觅食时，便有鱼星泛起，呈长条状的密集圆形双行气泡，徐徐上泛，随即消失。根据甲鱼鱼星，可用自制的五齿钢叉，对准位置猛戳下去，往往能叉到甲鱼。钢叉可用直径为10毫米的螺纹钢筋锻造，齿长 15～20 厘米，叉宽 15 厘米，齿尖要磨得锋利无比，并有倒刺，安上 1.2 米长的木把。此法适用于夏秋之季、水深不超过 1 米的水域。

（七）甲鱼的诱捕法

新鲜鸡血与麦麸搅拌，或把猪肝绞碎掺点茴香粉、米糠、香油，撒在甲鱼出没水域岸边。先向水中投撒，然后不间断撒向岸上，做一个约为 1 平方米的窝，注意地点应选上风头或河水的上游区。然后在距饵三四米处隐蔽好，静观甲鱼动静。大约半小时左右，贪吃的甲鱼会从水中沿着诱饵指引的方向爬上岸来，有时会成群结伙上岸"会餐"。瞅准时机迅速用结实线织成的旋网捕扣，有时一网可捕获几只。捉拿甲鱼时，可用一根较长的木棒儿，击其头部，致成轻微脑震荡，然后脚踩其背，手指扣住两侧后腿窝，装入袋中。

十七、河虾捕钓秘术

（一）无钩钓虾法

将小青蛙从腰部截断、去皮，拴在鱼线的末端。如果将青蛙肉用白酒浸泡一昼夜，效果更佳。下竿时，将饵食放入水中，青虾见到细嫩的蛙肉，立即用前足夹住青蛙不放。当钓虾者看见浮头徐徐下沉时，就轻轻、慢慢地扯竿。待钓到的虾离水面 2 ~ 3 厘米时，即一手扯竿，一手持抄网连同虾、饵食一起抄入网中。切忌把虾拉出水面，因为它一出水面，就会发觉自己上当而逃走。所以，一定要用抄网在水面上捞取。这种钓法，每次放 10 来根竿，轮流放钓，来回取虾。

（二）捕虾妙法

阿魏 100 克，五香粉 150 克，拌匀放入鱼笼作诱饵即可。

（三）诱捕虾法

把犁头拐（躯体呈三角形的一种蛙）捣烂，用布包好，装进有倒须的笼内。虾类闻到气味就钻满全笼。

（四）大水面激素快速捕虾法

激素氰茂菊酯是广谱高效安全杀虫剂，效果迅速，击倒力强，用药量少，性能稳定，能防治160种虫害。该药由江苏省激素研究所生产。

用氰茂菊酯捕虾安全可靠，做法如下。

（1）在池塘、涵洞内，按每0.1亩水面（水深1.5米为例）用药5支（2毫升一支），拌沙撒在水里，虾就会游到塘边，任你捕捞。捞后放到清水里放养待售。

（2）在江河流水处，可用毛竹筒（长45～60厘米）装上混合物（即用药50支拌在干沙和木屑里），然后用一层布封好竹筒两端，要求做到放在水里不浮到水面。用一只艇拖住竹筒顺水向前行，竹筒放在水位深一半。如河流水深2米，竹筒便放到1米以下。两端安排两只艇在岸边捕捞，两端的艇相距30米（江河面宽30米为宜，最好6～12米）。

该激素对鱼无害，可用于鱼塘。激素氰茂菊酯在农药部门可购到。植物激素LD8318叶面宝，对虾也有麻醉作用，可试用。

（五）捕虾奇法

用萤光粉2克、安眠宁2片，地龙（蚯蚓）干20克，碾碎成粉用少量米水拌成糊状，涂进虾网中央，晾干后，早晨放入有虾的水中，晚上吊起虾网，就会得到比一般捕虾法多5～10倍的虾。

萤光粉在化工门市部有售，安眠宁、地龙干在中药店有卖。

（六）特效捕虾法

用滴管吸取"敌杀死"少许，滴2～3滴在有大虾的河、沟的岸边。过20分钟，便有大群的青虾聚集而来，并在滴有"敌杀死"的水面昏睡。此时可大量捕捉入容器内。大虾在容器内一会就会复活。捕捉动作要快，有的可能在5分钟后就已经苏醒了。用此法捕的大虾可作养殖种源。

（七）捕虾秘术

猪血不放盐沤到发臭，加臭鸡蛋（放在粪坑浸臭，或用孵化不出的蛋均可）一个，置于筐内，放在有虾处，筐边放些青草（草勿太粗，以细嫩为佳），虾源丰富的地方一晚上可捕得鲜虾 10 公斤。

（八）烟碱诱聚法捕虾（附烟碱的土法生产）

用一般的诱捕法捕虾，一年只能捕几个月。烟碱诱聚法捕虾，只要冬季水面不结冰，四季均能进行，而且人不必下水，方法如下：

1. 诱聚剂配方及制作

用烟碱、洗衣粉各 10 克，煤油 50 克，湿泥沙 1 公斤。先将烟碱倒入瓶中，加入洗衣粉，然后倒入煤油，拌匀后密封半小时。开瓶倒出洒在湿泥沙中拌匀，以手握能成团，手松不散开为宜。

2. 投放诱聚剂

先选好捕虾地点，方法是将一团诱聚剂泥团投入岸边水草丛中，10 分钟以后如有虾浮起到岸边觅食，证明此地有虾，否则应另选场地。场地找到后，将泥团分成十几个小从岸边开始，每隔 1 米投一团，投出 6 米远即可。把剩下的诱聚剂泥团投入水草丛中。5 分钟后会有虾浮上水面，20 分钟后，水中的虾大量浮出，朝着一个方向浩浩荡荡地前进。一次即可捕到 10 公斤以上的虾。如果在静水中捕虾，则需把诱剂泥团分成 30~40 个小团均匀地投到水中各处。

3. 下网

投入诱聚剂泥团后，选择无水草拦阻、虾游过的岸边下网。下网的方法是一面临水，一方靠岸，网口淹没一半露出水面一半，因水流可把诱聚剂的气味冲到1公里远，故应在岸边多下几只网。虾网可自制：用柔软的尼龙窗纱做一个长40～50厘米，直径20～50厘米的大网袋，再做一个长20厘米的小网袋，大口直径与大网袋口直径相同，小口直径10厘米。然后将小网袋小口先装入大网袋中，大口与大网袋口缝合，并用尼龙线缝到铁圈上即成。这样的网，虾进得去出不来，收网后，将虾倒入清水中暂养，既可出售活虾，又可以留作种用。烟碱分解快，无残留，对虾的食用价值无不良影响。

附烟碱的土法生产：

烟草的下脚料——茎、叶、梗及次品烟叶，含有1%～4%的烟碱。烟碱含尼古丁，无色，味苦，有强毒（其毒性与氢氰酸相似），是一种高效、无残留的优良植物性农药，对多种害虫有很好的杀灭效果，尤其适合无公害蔬菜、水果的需要。而且，成本不高，技术易掌握，是产烟区或烟叶加工厂发展小型企业的好产品。

1. 准备工作

（1）设备 缸，大分液漏斗，桶，漏斗。

（2）原料 凡不能加工卷烟的茎、叶梗、次品烟均可应用，用前须粉碎。

（3）药品 煤油，石灰（要求洁白无杂质，过筛除去疙瘩），浓硫酸（用时稀释6倍，将浓硫酸慢慢倒入水中，边倒边搅拌）。

2. 操作过程

（1）制取烟碱水溶液。将粉碎的烟草下脚料按料重的10%加入过筛的生石灰拌匀，上面以冷水浸湿，以手捏不滴水为宜。把拌好的料收入缸中，加入原料重量5～6倍55℃的温水浸泡一昼夜。把浸好的原料用漏斗过滤（或用布袋压滤），即得烟碱水溶液。

配料后的浸泡工艺，是生产烟碱的关键环节。烟碱的好坏与原料粉碎程度、石灰用量及活性大小、浸泡温度及时间等因素密切相关。如果烟草下脚料粉碎粒度小、石灰用量大活性高，浸泡的温度适宜且时间较长，那么从原料中浸泡出来的烟碱质量就好。

（2）用煤油提取烟碱。取静置沉淀半天的烟碱水溶液中的上层澄清液，加入分液漏斗中，然后加入等量的煤油。若采取分次加入煤油提取（第一次加入需要量的50%，第二、三次各为25%）效果更好。待分液漏斗中的水、油有明显分层后（约2小时），从分液漏斗下部取出水层，弃之，从上面倒出煤油层，即得煤油烟碱液。

（3）制取硫酸烟碱。将煤油烟碱置于桶中，加入稀释好的硫酸，边加边搅拌，使其呈酸性（pH值3~4）。再倒入分液漏斗中分离，便可得到硫酸烟碱。分离出的煤油可循环使用。将硫酸烟碱置于蒸馏瓶进行蒸馏，蒸馏至浓度达40%以上即为合格产品。

3. 硫酸烟碱农药的配制和使用

取一份一级硫酸烟碱（烟碱含量40%）加水稀释1 000倍，再加两份生石灰和少量的洗衣粉，拌匀，既可用作诱捕青虾，也可用于防治小麦、棉花、蔬菜和果树的蚜虫、菜青虫、钻心虫及多种食叶性害虫。生产烟碱后的残渣除可作肥料外，还是造纸、制造纤维板的材料。

十八、河蟹捕钓秘术

（一）无钩套蟹法

河蟹吃饵特别，一般先用蟹钳夹住饵食，再送进嘴里慢慢品尝，人们根据它的这一特点，在钓线上结一个用尼龙线编织的线球活套。这种无钩套蟹的钓具的制作方法如下。

取一根细竹竿作钓竿，用一根直径 0.35 毫米的尼龙钓线，用打蝴蝶结的方法，编织成一只多孔的形似花状的圆形球，球的直径略大于拳头，从线球中心引出一根 20 厘米的脑线，在脑线上安一只小坠，再将脑线系在钓竿的线上即成。

垂钓时，将荤饵（鱼虾蚌蚬、鸡鸭肠肚均可）系在线球的中心，每次垂钓时可将十几根钓具插在湖、塘边，将拴好饵的线球投入浅滩水中。因为河蟹感觉器官比较发达，对外界环境的反应灵敏。所以河蟹会很快发现饵食，当它伸出蟹钳去夹饵食时，蟹脚也会不自觉地伸进线球的套扣，蟹的钳足部都有毛刺，只要套进线球，就会被绊住，这时鱼漂会出现摆动，提竿即可把蟹钓上来。

（二）蟹笼钓蟹法

用细铁丝编成长方形的蟹笼，一般长 40 厘米左右，宽 20 厘米，高 15 厘米。一头封闭，一头开一个倒须口或活动门，使蟹进得去出不来。放笼时要在江河、湖泊、池塘周围察看，发现岸边或浅滩有大小呈扁形的洞穴，就是蟹穴。可定为钓点，将放有诱饵的蟹笼，放在地势平坦，底质较硬的浅水水区。一般是傍晚放笼，次日清晨收取。

（三）蟹环钓蟹法

蟹环是用 35 厘米长的铁丝（10～12 号）弯成一个"搭扣"的圆环，搭扣处要互相错过一些，不要互相扭紧。铁丝头要事先锉尖，以便戳上两条整齐的大蚯蚓。没有大蚯蚓，其他动物肠也可，但要将整个铁环包住。从外边看，只是一个圆形的饵环。饵环上的系绳，可用 3×3 的锦纶线 3 根，用活扣分成三角扣在饵环上。3 根系线长度均可为 30 厘米。上边的总系绳亦为 1.2 米，上端拴上浮漂。饵环直径为 10 厘米，每个钓者可备环 30～50 只。

钓竿一根长 4.5 米，梢头带钩。抄网一只直径 30 厘米，深度 25 厘米，竿柄长 4.5 米，抄网口可用 10～12 号钢丝做成，抄网孔稍大亦无妨。

河蟹白天都在 1 米多深的水下活动。有石块和沙砾的地方，木排、码头和桥孔涵洞附近，阴暗的角落，都是它们栖身的地方。

蟹环钓蟹和无钩钓虾相似，也是利用河蟹钳住钓饵不肯放松的特点。轻轻拎钓环到水面之下，使蟹不知不觉，接近水面不要太暴露，清水和半清水容易观察，太浑浊的水看不清，蟹环也不应贴近水面。不论环上有蟹无蟹，都要抄网把钓环抄到岸上来。当一只手轻拎钓环时，另一手抓着抄网在旁等待。

（四）稻草辫钓蟹法

用稻草编成长 2 米左右，宽 10 厘米左右的稻草辫，傍晚到有蟹的河、塘边每隔 5 米放一根草辫，稻草头在岸上以小竹篾固定，尾拖到水中，供河蟹上岸之便，一次可放 10～30 根，还可更多些，以蟹多少而定。再在岸上撒上一些蟹爱吃的饵料。到了午夜人静时带着蟹篓、夹钳，身穿黑衣，脚穿长筒胶鞋（防止被蛇咬伤），拿着三节或四节手电，蟹怕强光，河蟹一被手电强光照着，它就会伏在地上不动，用钳很好夹住。抓蟹时应注意不讲话，步伐要轻。因为河蟹的感觉器官很发达，对外界环境的反应灵敏，它能在地面上迅速爬行。一有惊动它会很快逃到水中。有时也难免有的河蟹受惊逃跑，当你听到河蟹爬行声音时，顺着声音传来的方向用手电照它，一般被照着的河蟹可轻轻地走过去用钳夹住装入篓中。当天气闷热，夜晚河蟹更爱上岸捕食，收获量也就更大。

（五）捕蟹秘术 1~6

俗话说："西风响，蟹脚痒"。成年蟹到了深秋，成群结队，从所在的湖沼出发顺流而下，向浅海区域前进。这时的河蟹性腺逐渐发育成熟，体肥肢壮，肉质鲜美。

1. 蟹簖捕捞法

蟹簖是棚箔类定置渔具，拦阻于水流处，昼夜捕捞，一般用竹箔，也有用塑料箔制成。它高出水面，横栏河口，两头置有蟹篓，篓顶有覆盖物。也有用拦鱼竹簖在湖中巧布八卦阵诱蟹入蟹簖的。篓中放饵料，饵料可用蟹最喜欢吃的死鱼、烂虾、腐烂的动物尸体、螺、蚌、蠕虫、昏虫及其幼虫、青蛙、蝌蚪等。把这些饵料捣烂，拌点麻油和白酒放在篓中即可。如篓子多，旺季时可捕几百公斤蟹。

2. 闸口张网

深秋时节，正是河蟹生殖洄游的时候，开闸排水时，在闸门口设一张网，网口宽如闸。网具为囊状，网底呈圆锥形。湖水经网过滤入江，河蟹也就顺水入网。在大中型湖泊，一夜往往可以捕捉到几十公斤成熟的河蟹，产量高而集中。

3. 蟹索

这是夜间河道捕蟹工具，又名烟火索。用稻草编成手臂粗的草绳，先盘在宝塔状空窝处，里面用火熏黑。施用时一端系在河岸边上，另一端顺流斜向对岸，横拦流水河边，再用数块箔加一只蟹篓连接到对岸河边。岸边点一盏马灯，蟹索隔3天要更换并重新烟熏1次。河蟹顺水而下遇到逼烟索，因怕烟火味，便沿索顺箔进篓，一夜产量也可达数公斤。

4. 蟹网

这是夜间主要的捕蟹工具之一，网目为6~8厘米的丝网或麻网。选择湖泊底质较硬的流滩，在上风头张网，网片下到水底，一般可用捕鱼用的旧丝网代替。每船10条网，每小时操作一次，做到手快、勤拉，以提高产量和减少网的损坏，日产可达几十公斤蟹。

5. 蟹钓

蟹钓是白天捕蟹的工具，用捕鱼钩钓，钓竿插在水中，再用一条钓线，水中一端系一诱饵，诱饵上方0.3米处拴一砖石，沉入水中2~2.3米深，另一端系一有色布条扎在竹竿上。如发现水中有布条移动，即可用抄网（上面宽1.7米，网目3指宽）插下水底捕捞。蟹钓的饵料要力求新鲜，每船可下蟹钓50根，放于湖水出口有水流的浅滩处，迎风顶流插成圆形或半圆形，旺季日产可达50公斤蟹。

6. 蟹拖网

这种鱼具属无翼单囊的拖网类，与鱼拖网相似，日夜都可作业，但蟹拖网多一盖网，拖脚加重至每个3.5公斤，多为风拖船，依靠风力在江湖顺水横拖。3~5吨的船可拖10个网囊，日产高达数百公斤蟹。

十九、附　录

（一）鱼的保鲜保活秘术1~3

（1）将捕钓的鱼在两眼用牛皮纸贴严，可保鲜（不死）半天。

（2）将捕钓的鱼在两鳃滴几滴30度的白酒，可保鲜（不死）1天。

（3）如果要带捕钓的鲤鱼去路途较远的地方，拜亲访友，又担心鲤鱼死了易腐败时，可取大蒜瓣捣成蒜泥，用纱布包裹，用手捏挤蒜汁，滴于鱼口中和涂抹嘴的外部，鲤鱼就会很长时间不死，会圆满的满足您拜亲访友的心愿。如果是太远的路程，在途中鲤鱼已经死了的话，您还可以用茶叶沫涂擦鲤鱼全身，那么鱼就是死了，其鲜味仍可保持如初，绝无一点腐败味。

（二）民间钓鱼谚语

直鱼竿，细鱼线，快钩穿饵不露尖。春钓雨后早中晚，夏钓雨后满塘欢。

霜下东南风，十钓九放空。春钓浅滩夏钓潭，秋钓荫边冬钓阳。

春钓雨雾夏钓早，秋钓黄昏冬钓草。草变新，鱼儿新；草变黄，鱼儿壮。

雨季鱼靠边，撒米要撒边。宁钓日落后，不钓雷雨前。

涨水钓河口，落水钓深潭。雨下雨后鱼活跃，适时下钩为最好。

秋雨过后钓中间，冬钓下雨把家还。下雾不下米窝，雾后再钓鱼。

昼钓鲫，夜钓鲇。早钓东，晚钓西。

大风钓大鱼，小风钓小鱼，无风不钓鱼。风不怕大就怕邪，鱼不怕少就怕滑。

春钓东南（风），秋钓西北（风）。鱼儿顶浪游，要钓风浪口。

肥水出懒鱼，瘦水出饿鱼，深水出怪鱼。混水钓鲤，绿水钓草，清水钓鲫，活水钓鳊。

水太清不宜钓，鱼儿见竿就吓跑。水太混也不好，鱼儿不易将食找。不混不清钓鱼好。

深、浑宜近钓，清、浅宜远钓。水清如镜，钓鱼不行；水呈泥浆，钓鱼泡汤。

深水大鱼到，浅水钓鱼苗，不深不浅钓鱼好。有草钓无草，无草钓有草。

两边有跳中间钓，中间有跳跳头钓。近人三尺，远鱼一丈。

宽沟钓窄处，窄沟钓宽处。钓鱼不钓草，多半是白跑。

河边水腥气，钓者好运气。水底泛青苔，必有大鱼在。

水底冒泡泡，必有鱼儿到。深中钓浅，浅中钓深。

长堰钓腰，大堰钓梢。要想钓鱼好，地势很重要。三分靠钓技，七分把坑找。

溪水响动，鱼儿活动。溪水流动，鱼儿欢动。一日三迁，早晚钓边。

钓鱼上虾，乘早搬家。多草背向风，无草面向浪。

草角、银边、金中央。钓鱼雕意，心神专一。钓鱼钓鱼，十钓九娱。

鲤鱼耕钓在深潭。水下小鱼多，大鱼不在窝。

钓到大鱼不心慌，放线遛鱼别紧张。秋香冬甜，春荤夏素。

人有人迹，鸟有鸟途，鱼有鱼道。

下午轻盈盈，鱼儿上钩勤。钓鱼不能急，全在好脾气。

主要参考文献

〔1〕龙连玉撰写. 专捕水库凶猛鱼类. 农村养殖技术，2001.11

〔2〕张忠良，宋虎成，郝宪龙编著. 学钓鱼入门技巧. 天津：天津科学技术出版社，2006.1

养鱼池垂钓

手抛竿垂钓

水库海竿垂钓

野外垂钓

池塘垂钓

水库垂钓

草鱼　　　　　　　　　　　　鲤鱼

鲫鱼

甲鱼

河虾　　　　　　　　　　　　河蟹